KB269264

아나스타스가 들려주는 녹색 화학 이야기

아나스타스가 들려주는 녹색 화학 이야기

ⓒ 박준우, 2011

초판 1쇄 발행일 | 2011년 6월 30일
초판 7쇄 발행일 | 2020년 8월 11일

지은이 | 박준우
펴낸이 | 정은영
펴낸곳 | (주)자음과모음

출판등록 | 2001년 11월 28일 제2001-000259호
주   소 | 04047 서울시 마포구 양화로6길 49
전   화 | 편집부 (02)324-2347, 경영지원부 (02)325-6047
팩   스 | 편집부 (02)324-2348, 경영지원부 (02)2648-1311
e-mail | jamoteen@jamobook.com

ISBN 978-89-544-2224-6 (44400)

• 잘못된 책은 교환해드립니다.

아나스타스가 들려주는

녹색 화학 이야기

| 박준우 지음 |

주|자음과모음

녹색 성장의 일꾼이 되려는 청소년을 위한
'녹색 화학' 이야기

　최근 인류가 나아가야 할 방향으로 '지속 가능한 성장' 또는 '녹색 성장'이 강조되고 있는데, 이를 가능하게 하는 것의 핵심은 녹색 화학입니다. 녹색 화학은 사람이나 환경에 해로운 물질을 사용하지 않고 또 생기지 않게 하는 화학제품과 생산 방법을 고안하는 것을 뜻합니다. 녹색 화학은 아나스타스가 1991년에 지어낸 말로, 앞으로 화학이 나아가야 할 방향으로 받아들여지고 있습니다.

　오늘날 지구 상에는 약 75억 명의 사람들이 살고 있습니다. 이 많은 사람들이 과거에는 상상하지도 못했던 물질적 풍요 속에서 편리를 누리고 있지요. 이와 같은 풍요롭고 편리한 삶은 화학을 통해 인공 화학 물질을 개발하고, 사용한

덕분입니다.

그러나 이에는 대가를 치러야 했습니다. 화학 물질의 제조 과정에서 각종 해로운 폐기물이 발생해 환경을 오염시키고 사람의 건강을 위협하며, 뜻하지 않은 사고로 많은 사람이 죽거나 다치기도 했습니다. 사용한 후 버리는 각종 화학 물질도 사람의 건강과 환경에 나쁜 영향을 주었습니다. 화학 물질과 에너지의 원료인 석유는 과다한 사용으로 점차 고갈되고 있으며, 화석 연료의 사용으로 배출되는 이산화탄소와 각종 산업에서 나오는 물질들이 온실가스로 작용해 지구 온난화를 가져왔습니다.

온실가스와 환경 오염을 줄이고, 우리의 자손들에게 필요한 자원을 남겨 놓으면서 삶에 필요한 것들을 충족시키는 이른바 녹색 성장이 인류가 나아가야 할 방향입니다. 녹색 성장은 지속 가능한 성장이며, 지구를 보다 안전한 곳으로 만드는 것입니다.

이 작은 책자가 청소년 여러분을 녹색 성장의 주역으로 이끄는 길잡이가 되기를 바랍니다.

박 준 우

차례

화학이란 무엇인가?
왜 녹색 화학인가?

인공 화학 물질은 인류와 환경에 어떤 영향을 미칠까요?
앞으로의 화학은 왜 녹색 화학이어야 할까요?

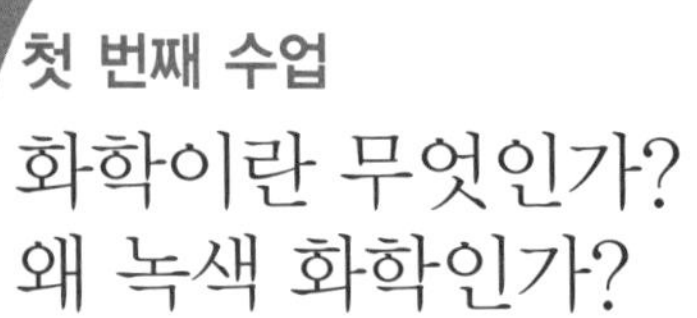

첫 번째 수업

화학이란 무엇인가?
왜 녹색 화학인가?

아나스타스가 간단하게 자기를
소개하며 첫 번째 수업을 시작했다.

'녹색 화학의 아버지' 아나스타스

여러분, 안녕하세요? 나는 미국 환경보호국(EPA, Environ-mental Protection Agency)의 연구 개발 부국장을 맡고 있는 아나스타스(Paul Anastas, 1962~)입니다. 사람들은 흔히 나를 '녹색 화학의 아버지'라 부릅니다. 왜냐하면 내가 1991년에 녹색 화학이란 말을 지어냈기 때문입니다.

녹색 화학이란 사람과 생태계에 해로운 물질을 사용하지 않고 또 그런 물질이 생기지 않게 하거나, 어쩔 수 없이 생기

는 경우는 되도록 적게 생기도록 하는 화학 물질과 이런 화학 물질의 제조 과정을 고안하는 것을 말합니다. 여기서 고안이란 우연히 발견하는 것이 아니라, 목표를 갖고 그 목표를 달성하는 방법을 적극적으로 찾는 것을 뜻합니다.

나는 새로운 화학 물질을 합성하거나 새로운 합성 방법을 연구하는 화학 분야에서 박사 학위를 받았습니다. 그 후 미국 환경보호국과 예일 대학교에서 가능한 한 독성이 없고 환경친화적인 화학 물질을 고안하고, 생산하며, 사용하는 것에 대한 연구를 해 왔습니다. 즉, 나는 녹색 화학이란 말을 지어냈을 뿐 아니라 이를 이루기 위한 중요한 방법과 원칙들을 찾아내고 제시해 왔습니다. 또한 녹색 화학을 통해서만 인류 문명을 지속적으로 발전시킬 수 있다고 주장했습니다. 오늘날 많은 사람이 이런 나의 주장에 동감하고 있습니다. 이것이 아마도 내가 여러분에게 녹색 화학 이야기를 들려주는 계기가 된 듯합니다.

__ 선생님, 저는 녹색 화학이란 말을 처음 들어요.

그렇겠지요. 이것은 불과 20년 전에 나온 개념이라 지금까지는 교과서에서 소개되지 않았습니다. 그러나 여러분이 최근에 많이 듣는 지속 가능한 성장 또는 녹색 성장의 핵심은 녹색 화학이기 때문에 앞으로는 자주 접하게 될 것입니다.

2009년도 개정 교과 과정에 의한 고등학교 화학에서도 분명
히 소개될 것이고요.

　나는 지금까지 녹색 화학 관련 분야에서 대략 10권의 책을
저술했고, 과학을 통한 '지속 가능성'에 대해 많은 논문을 발
표했습니다. 1998년에 집필한 《녹색 화학》은 한국에서도
2000년에 번역되어 책이 나왔습니다. 지금은 용어가 낯설어
서 어렵게 느껴질 수 있지만 수업을 끝까지 잘 듣고 나면 녹
색 화학에 대해 어느 정도 이해하게 될 것입니다.

　＿ '지속 가능한 성장'과 '녹색 성장'은 무엇이고, 이들의
핵심은 왜 '녹색 화학'인가요?

역시 한국 학생들은 소문대로 이해가 빠르고 핵심적인 질문을 잘하는군요. 그러나 이에 대한 대답은 수업이 끝난 다음에 스스로 알게 될 것입니다. 우선 화학이 무엇이며, 화학이 인류의 번성과 생활의 풍요에 어떻게 기여했는지를 알아봅시다.

인류의 번성과 물질적 풍요를 가져다준 화학

여러분, 인류 역사를 어떻게 구분하지요?

__ 석기 시대, 청동기 시대, 철기 시대로 구분합니다.

정확한 답입니다. 그렇다면 오늘날을 무슨 시대라고 불러야 할까요? 분명한 것은 철기 시대가 약 4천 년 전에 시작됐는데 2, 3백 년 전까지만 해도 인구, 수명, 생활 등에서 획기적인 변동이 없었다는 것입니다.

그러나 이후 급격한 변화가 일어났습니다. 바로 증기 기관의 발명에 따른 '산업 혁명'입니다. 이 일을 계기로 가축의 힘이나 바람, 물 같은 자연의 힘을 이용하던 시대에서 석탄을 태워 물을 증기로 만들고 증기의 힘으로 기계를 돌려 생활에 필요한 물자를 공장에서 대량으로 만들 수 있게 됐습니

다. 또 기차나 자동차로 사람과 물자를 대량으로 쉽게 운반
하게 됐습니다.

이런 시대는 분명 이전과는 크게 다른 시대입니다. 그렇다
면 2, 3백 년 전에 시작된 새로운 시대를 무엇이라고 불러야
할까요?

── 아, 산업 혁명을 거쳤으니까 산업화 시대라고 부르면 될
것 같아요.

그것도 좋은 생각이지만 석기, 청동기, 철기 시대는 그 시
대에 사용한 물질의 이름인데 산업화는 동력, 즉 기계를 움
직이는 힘의 혁신이니 짝이 맞지 않는군요.

분명 2, 3백 년 전에 시작된 새로운 시대는 그 이전 시대와

인류의 시대 구분

는 달리, 자연에서 얻을 수 있는 물질뿐만 아니라 자연에는 없거나 있다고 해도 그 양이 적어 분리해 내기 어려운 수많은 물질까지도 공장에서 인공적으로 만들어 사용하는 시대입니다. 물론 청동기와 철기도 자연에 있는 광물로부터 인공적으로 만든 것이지만, 새로운 시대에는 아주 다양한 인공 물질이 대량으로 만들어져 사용되고 있습니다.

＿ 그렇다면 인공 물질의 시대라고 부르면 어떨까요?

모두 동의하나요? 드디어 여러분의 생각과 나의 생각이 일치했군요. 그렇습니다. 현대를 인공 물질 또는 인공 화학 물질의 시대라 부를 수 있어요. 인공 화학 물질은 화학 반응을 통해 만듭니다.

＿ 화학은 무엇이고 화학 반응이란 어떤 것인가요?

화학은 물질을 이루는 기본 단위, 물질의 구조와 성질 그리고 물질의 변화 등을 탐구하는 학문입니다. 화학 반응은 물질의 성질을 나타내는 기본 단위인 분자의 원자 배열 상태가 바뀌어 다른 분자로 바뀌는 것을 말합니다. 즉, 어떤 물질이 특성이 전혀 다른 물질로 변하는 것이지요. 그리고 일반적으로 화학 반응이 일어날 때 원자의 배열 상태만 바뀔 뿐, 원자의 종류와 개수에는 변함이 없습니다.

어떤 원료 물질에서 우리가 원하는 다른 물질을 만들어 내

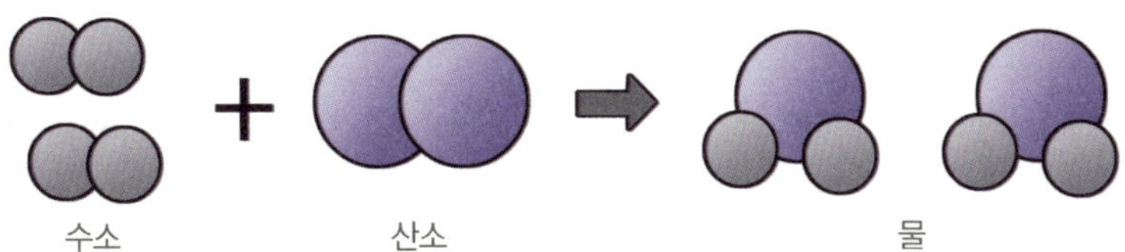

화학 반응의 예 : 2 분자의 수소(H$_2$)와 1 분자의 산소(O$_2$)가 반응하여 성질이 전혀 다른 새로운 물질인 2 분자의 물(H$_2$O)이 만들어진다.

는 것을 물질의 합성 또는 화학적 변환이라고 합니다. 이때 원료 물질을 출발 물질 또는 반응물이라고 부르기도 합니다. 우리는 화학 반응을 통해 자연에는 존재하지 않거나 존재해도 양이 아주 적은 것을 인공적으로 만들어 냅니다. 이렇게 인공적으로 만든 물질을 합성 물질 또는 인공 화학 물질이라고 합니다. 인공 화학 물질의 개발 덕분에 오늘날 인류가 이만큼 번성했고, 편리하면서도 풍요로운 생활을 누릴 수 있는 것이지요.

　　 구체적으로 인공 화학 물질이 인류의 번성과 풍요로운 생활에 어떻게 영향을 미쳤나요?

　의식주를 비롯해 생활 전반에 걸쳐 사용되는 대부분의 물질은 인공 화학 물질입니다. 역사적으로 오래된 예를 들어 보겠습니다. 옛날 사람들은 빨래를 할 때 식물을 태우고 남은 재를 우려낸 물인 잿물을 이용했습니다. 또 비누나 유리를 만드는 원료 물질 중 한 가지도 잿물에서 분리하여 사용했습니다.

하지만 오늘날 잿물은 전혀 사용되지 않습니다. 대신 소금을 원료로 하여 인공적으로 만든 물질을 사용합니다. 이들이 양잿물(가성 소다)과 탄산나트륨(소다)으로, 공장에서 대량으로 만든 최초의 인공 화학 물질입니다. 또한 소금에서 염소를 만들어 옷감을 표백하고, 합성물감을 만들어 편하고 값싸게 옷감을 염색하게 됐습니다. 이런 인공 화학 물질의 사용은 불과 약 250년 전부터 가능하게 된 것입니다.

19세기에 와서는 항생제를 비롯한 각종 의약품이 인공적으로 만들어져 사용됐습니다. 덕분에 많은 사람이 질병의 고통에서 벗어나고 수명이 크게 연장됐습니다. 1800년에 10억 미만이었던 세계 인구가 2010년에는 약 70억으로 그리고 평균 기대 수명(영국 기준)은 1900년에 46세였던 것이 2010년에는 약 80세로 늘어났습니다.

__ 그래도 먹을거리는 인공적으로 만들지 않잖아요?

꼭 그렇다고 볼 수 없어요. 농사를 지을 때 농작물이 잘 자라도록 비료를 사용하고, 병충해를 막기 위해 농약을 사용합니다. 퇴비 같은 천연 비료를 사용하기도 하지만 이들은 양이 많지 않고, 환경 위생에 나쁜 영향을 미칠 우려가 있어요. 인공 화학 물질인 비료와 농약을 사용하지 않고는 현재 수확량의 반도 얻기 어려울 것입니다.

인공 화학 물질이 가져다준 인류의 번성과 편리하고 풍요로운 생활

물고기 양식과 축산도 마찬가지입니다. 인공 화학 물질을 사용하여 생산된 여러 가지 사료와 약품이 사용됩니다. 농축 산물의 가공, 운반, 보관에서도 많은 인공 화학 물질이 사용됩니다. 따라서 인공 화학 물질의 사용이 식량 공급을 아주 크게 늘렸다고 볼 수 있습니다.

화학 물질의 유해성

__ 그런데 인공적으로 합성한 화학 물질은 인체에 해롭고 공해 발생의 주된 원인이라고 하는데, 사실인가요?

부분적으로는 사실입니다. 그러나 오해도 있습니다. 화학 물질에는 사람이 만들어 낸 인공 물질과 자연에 존재하는 천연 물질이 있습니다. 천연 물질에도 독버섯이나 복어알에 들어 있는 물질처럼 독성이 강한 것이 있습니다. 그러므로 천연 물질은 모두 인체에 이롭고, 인공 물질은 모두 해롭다는 생각은 옳지 않습니다.

물론 인공 화학 물질을 합성하는 과정에서 여러 해로운 물질이 들어가거나 나옵니다. 따라서 합성 과정에서 해로운 물질들을 완전히 제거하지 않으면 만들어진 물질 자체도 해로운 것이 됩니다. 또 생산 과정에서 발생되는 해로운 물질이

물이나 공기 중으로 나오면 환경 오염을 일으킵니다.

　인공 화학 물질이 환경에 미치는 영향은 1950년대 후반에서 1960년대 초반에 이르러서야 관심을 끌기 시작했습니다. 이에 대한 계기가 몇 가지 있는데, 첫 번째는 DDT(dichloro-diphenyl-trichloroethane)의 위험성 발견입니다. DDT는 인체와 가축에는 거의 독성이 없고 해충만 죽이는 살충제로, 1939년에 발견된 이래 농약뿐 아니라 이, 모기 등을 죽이는 용도로 제2차 세계 대전 이후 많이 사용됐습니다. 그러나

과학자의 비밀노트

DDT(dichloro-diphenyl-trichloroethane)

1939년에 뮐러(Paul Müller, 1899~1965)는 사람이나 가축 등 척추동물에는 독성이 없으면서 이, 모기 등 해충만 죽이는 DDT를 발견했고, 이 공로로 1948년에 노벨 생리 의학상을 받았다. DDT는 1942년에 상업적으로 생산되기 시작했다. 제2차 세계 대전 시 연합군은 DDT를 사용해 이를 퇴치함으로써 이가 매개하는 전염병인 발진 티푸스의 유행을 막았고, 덕분에 그들은 승리할 수 있었다. 이후 DDT는 농작물의 해충을 죽이는 농약과 모기 퇴치 등에 많이 사용되면서 말라리아 발병을 막고 수많은 생명을 구할 수 있었다. 하지만 곧 DDT의 잔류 독성이 발견됐고, 1973년 미국에서는 DDT의 사용이 금지됐다. 한국에서도 한국 전쟁 전후에 많이 사용됐으나 이제는 사용 금지 물질이 됐다. DDT에 버금가는 좋은 성능의 값싼 살충제가 아직까지 발견되지 않아 안타까운 실정이다.

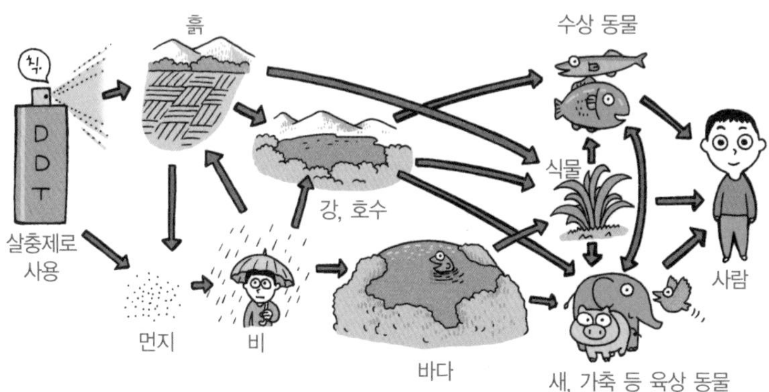

농약이나 살충제로 사용된 DDT는 여러 경로를 통해 인체로 들어간다.

자연 환경에서 잘 분해되지 않고 먹이 사슬을 통해 인체에 계속 쌓이는 등 장기적 위험성이 있다는 사실이 알려지면서 DDT와 같은 인공 화학 물질의 사용에 대한 경각심을 갖기 시작했습니다.

두 번째 계기는 임신 초기에 입덧 치료제로 많이 사용하던 탈리도마이신 때문에 기형아가 탄생한 충격적인 사건입니다. 또 냉장고나 에어컨의 냉매로 사용하던 프레온이 성층권의 오존층을 파괴시킨다는 것도 1980년에 밝혀졌습니다. 그리고 변압기의 절연유로 주로 사용한 PCB(polychlorinated biphenyl)와 여러 플라스틱 첨가제가 환경 호르몬으로 작용해 우리 건강에 해롭다는 것도 밝혀졌습니다. 이 밖에도 해로운 물질이 포함된 폐기물을 땅에 묻거나 강으로 내보내서 주민의 건강을 크게 위협한 경우도 여럿 있습니다.

환경 오염 문제를 일으킨 여러 화학 물질은 기능면에서는 탁월한 성능을 보이나 생산, 사용, 폐기 과정에서 미처 예상하지 못했던 나쁜 결과가 나타난 것들입니다. 특히 화학 물질의 생산과 폐기 과정에서 유해 물질이 나오지 않도록 하거나, 나오는 유해 물질을 제거하는 데 많은 비용이 들기 때문에 이 과정을 철저하게 이행하지 않아서 나쁜 결과를 가져온 경우가 많이 있습니다.

이 때문에 사람들은 인공 화학 물질은 해롭고, 이들을 생산하고 가공하는 화학 산업은 공해를 일으키는 산업이라는 인상을 가지게 됐습니다. 근래에는 화학 물질의 생산과 폐기를 엄격하게 규제하는 법령까지 만들었습니다. 그러나 법령에 의한 규제가 과연 예상하지 못한 결과로부터 사람과 환경을 보호하는 데 얼마나 효과적일지에 대한 의문은 남아 있습니다.

녹색 화학은?

일부 사람들은 인공 화학 물질을 포기하고 과거의 자연 상태로 돌아가자고 주장하기도 합니다. 그러나 역사적으로 어

떤 집단도 인간에게 이로움을 주는 과학 기술의 성과를 부작용 때문에 포기하고 계속 발전한 경우는 없었습니다. 인공 화학 물질의 사용 없이는 인류가 굶주림과 질병의 고통에서 벗어날 수 없으며, 물질적 풍요와 편리를 계속 누릴 수 없고, 지독한 불평등만을 가져올 뿐입니다.

이런 관점에서 출발한 것이 바로 녹색 화학입니다. 녹색 화학의 목표는 화학 물질의 유용성과 기능은 그대로 유지하면서 독성을 없애거나 환경 오염을 최대한 줄이는 방법을 찾는 것입니다.

녹색 화학의 생산물과 재료는 사용한 다음에 자연 환경에서 계속 쌓이지 않고 해가 없는 물질로 자연적으로 분해돼야 합니다. 물론 경제성도 있어야 합니다.

보통 환경 오염을 막으려면 돈이 많이 든다고 생각하는데, 녹색 화학은 환경 보호와 경제성을 동시에 추구합니다. 이는 결코 쉬운 일이 아닙니다. 그러나 인간이 가진 뛰어난 능력으로 20년도 채 안 된 녹색 화학 분야에서 이미 많은 성과를 얻었습니다. 이러한 성과들은 앞으로의 수업에서 예를 들어 설명하겠습니다. 그럼 지금부터 녹색 화학에 대해 본격적으로 공부해 볼까요?

　앞으로 인류가 나아가야 할 목표는 '지속 가능한 성장' 또는 '녹색 성장'입니다. 이러한 목표가 한국에서 특히 강조되고 있어서 무척 기쁩니다. 나는 여러분이 이와 같은 국가적·세계적 목표를 달성하는 데 큰 기여를 할 것으로 기대한답니다.

　＿＿ 지속 가능한 성장, 녹색 성장과 녹색 화학은 어떤 관계가 있나요?

　지속 가능한 성장은 크게 두 가지 의미를 나타냅니다. 하나는 자원을 이용하면서도 환경을 파괴하지 않고 계속될 수 있는 성장입니다. 다른 하나는 자원을 고갈시키지 않는 성장입니다. 그리고 녹색 성장은 온실가스와 환경 오염을 줄이면서 성장하는 것을 말합니다. 따라서 지속 가능한 성장에는 녹색 성장이 포함됩니다.

　산업 혁명 이후 생활에 필요한 에너지와 물질을 자연 자원에서 얻어 왔습니다. 주로 석유와 광물을 이용해 왔지요. 그러나 이들은 급격하게 고갈되고 있습니다. 석탄이나 석유 등 화석 연료를 많이 사용한 만큼 이산화탄소가 대기 중으로 많

이 배출됐지요. 또한 여러 산업 활동과 제품의 생산 과정에서 온실 효과를 내는 물질들이 배출되어 이산화탄소와 더불어 지구 온난화를 일으키고 있습니다. 이처럼 지금까지의 화학 산업은 에너지 소비와 공해 물질 배출의 큰 몫을 차지해 왔습니다.

녹색 화학은 온실가스를 비롯한 환경 오염 물질이 나오지 않게 하거나 줄이는 것을 목표로 합니다. 또 화학 물질과 제품의 생산에서 될수록 에너지를 적게 소비하는 방법을 개발하는 것입니다. 이런 점에서 녹색 성장의 핵심 전략은 녹색 화학이라 할 수 있습니다.

그리고 녹색 화학에서는 화학 물질을 만드는 데 가급적 재생 가능한 원료를 사용하는 것을 목표로 합니다. 또한 사용된 대부분의 원료가 최종 생성물에 들어감으로써 부산물이 생기는 것을 최소로 하는 것을 목표로 합니다. 이런 점에서도 녹색 화학은 지속 가능한 성장의 핵심이 된다고 볼 수 있습니다.

지금까지 화학이 어떻게 인류의 번성과 물질적 풍요를 가져다주었으며, 화학 물질의 사용이 환경에 어떻게 영향을 미치는지 알아봤습니다. 그리고 화학의 유용성을 살리면서 환경 오염을 방지하기 위해 앞으로의 화학은 녹색 화학이 되어야 한다고 했습니다. 다음 시간에는 녹색 화학을 실현시키기 위해 지켜야 할 구체적인 원칙들을 소개하겠습니다.

아나스타스 선생님, 뭐하세요?
철이 군. 마침 잘 왔어요. 함께 갈 데가 있어요. 자, 어서 타요!

우아, 멋지네요. 그런데 녹색 화학 이야기를 들려 주신다면서 어디를 가는 건가요?
오늘날 인류가 이만큼 번성하고 물질적 풍요를 누리기까지 어떻게 발전해 왔는가를 알아보기 위해 과거로 떠나는 거예요.
연도: 1760
나라: 영국

야호! 그럼 석기, 청동기, 철기 시대 에도 가나요?
아니요. 오늘날 인공 화학 물질 덕분에 풍요로운 생활을 누릴 수 있게 된 산업 혁명이 일어난 때로 갈 거예요. 벌써 도착했군요.
석기 시대 ➡ 청동기 시대 ➡ 철기 시대

와, 증기 기관차가 엄청난 증기를 내뿜으며 수많은 사람과 물자를 실어 나르고 있어요.
그래요. 이때부터 자연에 없는 물질까지도 공장에서 인공적 으로 대량 생산할 수 있었고, 덕분에 우리 생활이 이만큼 편리해졌지요.

하지만 인공 화학 물질을 생산하고, 사용하고, 폐기하는 과정에서 해로운 물질이 나와 심각한 환경 오염 문제를 초래했어요. 또 자원도 고갈되고 있고요.
해충을 죽이는 살충제, DDT에 환경을 오염시키는 독성이 있다니!
DDT

따라서 앞으로는 '지속 가능한 성장' 또는 '녹색 성장'을 추구해야 하는데, 이것의 핵심 전략이 바로 녹색 화학 이랍니다. 그리고 이 말은 내가 지었지요.
그럼 선생님께서 '녹색 화학의 아버지' 이시네요.
지속 가능한 성장
녹색 성장
녹색 화학

녹색 화학의 원칙

녹색 화학의 원칙은 무엇일까요?
어떤 원칙을 갖고 화학 물질을 고안하고 만들어야 할까요?

녹색 화학의 원칙

아나스타스가 책을 한 권 들고 와서
두 번째 수업을 시작했다.

지난 수업 시간에 우리 후손들이 깨끗한 환경에서 풍요롭게 살아갈 수 있도록 지속 가능한 성장을 하기 위해서는 녹색 화학을 핵심 전략으로 삼아야 한다고 했습니다. 녹색 화학이란 무엇이라고 했지요?

__ 녹색 화학은 인공 화학 물질의 유익한 점을 살리면서 근본적으로 환경 오염을 발생시키지 않도록 하는 것입니다.

복습을 철저히 했군요. 훌륭한 학습 태도예요. 그렇다면 녹색 화학을 실현시키기 위해서 무엇을 어떻게 해야 할까요? 이 고민에 대한 해결책으로 나와 동료 과학자인 워너(John

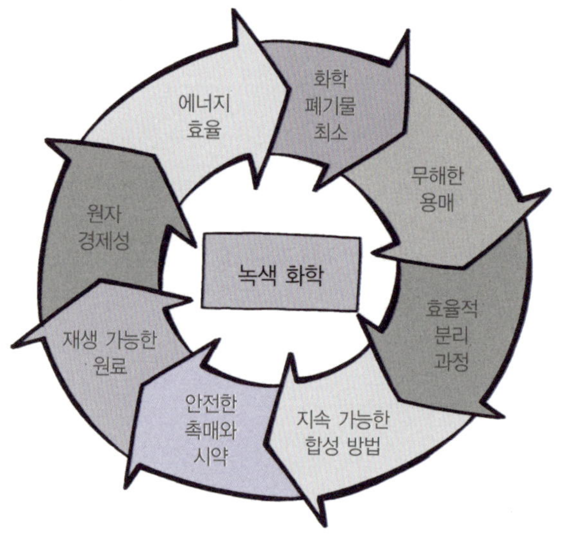

녹색 화학에서 고려해야 할 요소

Warner)는 1998년에 《녹색 화학》이라는 책에서 녹색 화학의 12원칙을 제시했습니다. 이것은 화학 물질 개발자와 생산자가 새로운 화학 물질을 고안하고 생산할 때 그리고 원료 투입에서부터 제품 사용 후 발생할 수 있는 독성이나 부작용에 이르기까지의 전체 과정에서 마음속에 두고 지켜야 할 일반적인 원칙입니다.

그럼 지금부터 '녹색 화학의 12원칙'에 대해 하나하나씩 알아볼까요?

― 네!!!

:: 제1원칙

폐기물은 생긴 다음에 처리하기보다 생기지 않도록 해야 한다.

병 든 후에 치료하는 것보다 병이 들지 않도록 예방하는 것이 더 중요하지요? 마찬가지로 환경을 병들게 하는 폐기물도 생긴 다음에 처리하기보다 생기는 것 자체를 예방해야 한다는 것이 녹색 화학의 첫 번째 원칙입니다.

여기서 말하는 폐기물에는 경제적 가치가 없는 물질과 활용되지 않고 그대로 배출되는 에너지를 모두 포함합니다. 즉, 쓰레기와 폐열이 해당되지요. 쓰레기에는 물이나 공기 중으로 나가는 물질도 포함됩니다.

음식을 조리할 때와 마찬가지로 화학 물질을 생산할 때도 여러 폐기물이 나오는데, 이들이 화학 공장에서 나오는 환경 오염의 주범입니다. 원료나 생산 방법을 새롭게 바꾸어 환경 오염 물질이 나오는 것을 막는 것이 이미 생긴 환경 오염 물질을 처리하거나 이들로 오염된 땅, 하천, 공기를 깨끗하게 하는 것보다 훨씬 더 효과적입니다.

여러분도 앞으로 자원의 낭비를 막고 환경을 보호하는 생활 습관을 길들이기 바랍니다.

사용하는 원료가 전부 최종 생성물에 들어가도록 합성 방법을 개발해야 한다.

물질의 성질을 나타내는 최소 입자를 무엇이라고 했지요?

＿ 분자요.

맞았어요. 그렇다면 어떤 물질이 성질이 전혀 다른 물질로 변하는 화학 반응은 어떻게 일어난다고 했지요?

＿ 화학 반응은 물질을 구성하는 원자의 종류와 개수는 변하지 않고 단지 원자들의 배열이 달라져서 일어난다고 하셨어요.

잘 기억하고 있군요. 이런 화학 반응의 관점에서 볼 때 폐기물은 원료에 있던 원자들의 일부가 원하는 최종 생성물에 들어가지 않고, 다른 성질의 물질로 된 것입니다.

따라서 원료에 들어 있는 원자들이 최종 생성물에 100% 다 들어가는 합성 방법을 개발한다면 폐기물이 전혀 발생하지 않을 것입니다. 녹색 화학의 두 번째 원칙은 폐기물이 발생하지 않는 화학 물질 합성 방법을 개발하는 것을 목표로 삼아야 한다는 것입니다.

사람의 건강과 환경에 덜 해로운 물질을 사용하고, 덜 해로운 물질이 생기는 합성법을 개발해야 한다.

어떤 화학 물질을 만들 때, 사람의 건강이나 환경에 해로운 물질을 원료로 사용하거나 해로운 물질이 나오는 경우가 많습니다.

이런 경우에는 화학 공장에서 일하는 작업자들이 해를 입지 않도록 그들을 보호하는 데 많은 비용이 듭니다. 또한 해로운 물질이 외부로 빠져나갈 수도 있고, 최종 생성물에 남아 있을 수도 있으며, 폐기물로 나올 수도 있습니다.

따라서 가능한 한 덜 해로운 원료 물질로 바꾸고, 최종 생성물을 만드는 과정도 보다 덜 해로운 물질이 생기도록 신경 써야 한다는 것이 녹색 화학의 세 번째 원칙입니다. 물론 두 번째 원칙에 따라 폐기물이 전혀 발생하지 않도록 하는 것이 보다 바람직할 것입니다.

> 원하는 기능은 있으면서 독성은 최소인 화학제품을 고안해야 한다.

화학자, 독성학자, 약리학자들은 어떤 화학 물질이 갖는 성질과 독성을 그 물질의 분자 구조로부터 예측할 수 있는 여러 방법을 고안하고 있습니다. 이런 방법으로 원하는 기능은 있으면서 될 수 있으면 독성이 없는 물질을 만들어야 한다는 것이 녹색 화학의 네 번째 원칙입니다.

__ 예측이 틀리면 어떻게 해야 하나요?

예측은 완벽할 수 없습니다. 새롭게 개발한 물질이 원하는 기능을 나타내지 않을 수도 있고, 독성이 없을 것으로 짐작했으나 독성이 있을 수도 있습니다.

그러나 미리 따져 보는 것이 기능은 좋으면서 독성이 덜한 물질을 얻는 효과적인 방법이 될 것입니다. 그리고 예측과 다른 결과가 나오면, 왜 그런가를 밝히고 어떻게 하면 원하는 성질의 물질이 나올까를 궁리하는 것이 새로운 물질을 합성하는 연구 과정의 큰 부분입니다.

여러분이 미래에 녹색 물질을 합성하는 과학자가 되고자 한다면 과학적 근거를 바탕으로 예측하는 습관을 길러 보세요. 그러면 훗날 틀림없이 훌륭한 과학자가 될 것입니다.

가능하면 보조 물질은 사용하지 않아야 하며, 사용하는 경우에는 무해한 것이어야 한다.

'A와 B를 반응시켜 C를 얻는다' 는 말을 화학 반응식으로 나타내면 다음과 같습니다.

$$A + B \longrightarrow C$$

그러나 실제로 C를 만들 때는 A와 B 말고도 여러 보조 물질이 사용됩니다. 우선 A와 B를 반응시킬 때 대부분의 경우는 이들을 어떤 액체에 녹입니다. 이 액체를 용매라고 하는데, 용매는 가장 일반적인 보조 물질의 하나입니다.

그런데 대부분의 용매는 물이 아니라 유기 용매입니다. 일반적으로 유기 용매는 쉽게 증발되고, 불이 잘 붙으며, 인체에 해로운 성질을 갖고 있습니다. 따라서 가능한 유기 용매의 사용을 자제해야 하며, 꼭 필요하다면 보다 덜 해로운 용매를 사용해야 합니다.

우리는 원하는 생성물 C만 얻고 싶지만 보통은 부산물도

함께 얻어집니다. 또한 출발 물질(원료)인 A와 B가 모두 다 반응해서 없어지는 것이 아니라 일부는 반응하지 않고 남아 있기도 합니다. 따라서 반응 혼합액에서 C를 분리시키고 원하는 순도로 정제시키는 작업이 필요합니다. 분리·정제 과정에도 여러 보조 물질이 사용되며, 이때 사용된 분리제는 폐기물이 됩니다.

그러므로 자원 절약과 환경 오염 방지를 위해서는 보조 물질을 가급적 사용하지 말아야 하고, 꼭 사용해야 하는 경우에는 해롭지 않은 것을 사용해야 합니다.

과학자의 비밀노트

화학 반응식

화학 반응에서 출발 물질과 생성 물질을 나타낸 것이 화학 반응식이다. 보통 출발 물질은 왼쪽에, 생성 물질은 오른쪽에 분자식(분자를 구성하는 원자의 종류와 각 원자의 개수를 나타낸 것으로, 예를 들어 이산화탄소는 CO_2, 포도당은 $C_6H_{12}O_6$로 나타냄)으로 나타낸다. 이때 분자들의 비를 표시해야 균형 잡힌 화학 반응식이 된다. 때때로 괄호를 이용해 물질의 상태를 표시하는데, 고체는 s, 액체는 l, 기체는 g로 적는다. 예를 들어 1개의 포도당 분자가 6개의 산소 분자와 연소 반응하면 6개의 물 분자와 6개의 이산화탄소 분자가 생성되는데, 이를 화학 반응식으로 나타내면 다음과 같다.

$$C_6H_{12}O_6(s) + 6O_2(g) \longrightarrow 6H_2O(l) + 6CO_2(g)$$

:: **제6원칙**

가능하면 화학 반응을 실온과 대기압에서 일으켜서 에너지 소비를 최소화해야 한다.

대부분의 화학 반응은 온도가 높을수록 빠르게 진행됩니다. 따라서 많은 합성 반응을 높은 온도에서 일으킵니다. 반면에 실온에서도 반응 속도가 너무 빠르고 많은 열이 나와 폭발이 일어나는 화학 반응도 있습니다. 이 경우에는 반응을 낮은 온도에서 일어나게 해야 합니다.

이처럼 반응 온도를 실온보다 높거나 낮게 유지하기 위해서는 에너지가 소비됩니다. 그리고 생성물을 분리하기 위해서는 증류같이 에너지 소비가 많은 과정이 필요하기도 합니다. 또 반응물이 기체인 경우에는 반응에 높은 압력이 필요하기도 합니다. 높은 압력을 유지하기 위해서도 에너지가 소비됩니다.

따라서 에너지 소비를 줄이기 위해서는 반응을 실온과 대기압에서 일어나도록 하고, 분리도 실온에서 하는 방법을 찾아야 합니다. 이렇게 하는 것이 에너지를 절약하고 에너지 사용에 따른 환경 오염을 방지하면서 더불어 경제적으로 화학 물질을 생산하는 길입니다.

기술적으로나 경제적으로 허용될 경우, 고갈되는 원료보다는 재생 가능한 원료를 사용해야 한다.

현재 주로 사용하는 화학 산업의 원료는 화석 연료인 천연가스, 석유와 석탄입니다. 특히 석유가 사용하기 편리하여 많이 사용됩니다. 이들로부터 합성 섬유와 플라스틱, 비료와 농약 심지어는 의약품까지도 만들어 냅니다. 물론 화석 연료는 우리가 필요한 에너지를 얻는 데에도 이용됩니다.

그런데 화석 연료를 지금처럼 마구 사용한다면, 멀지 않은 장래에 화석 연료는 고갈될 것이고 지구 온난화는 더욱 심해질 것입니다. 그렇게 되면 우리는 어디에서 화학 물질과 에너지를 얻어야 할까요?

우리는 고갈되어 가는 화석 연료 대신에 재생 가능한 원료를 찾아야 합니다. 재생 가능한 원료의 예로 매년 재배할 수 있는 식물성 원료를 들 수 있습니다. 광합성 작용을 하는 식물은 이산화탄소를 흡수하여 성장하기 때문에 식물을 재배하면 온실가스인 이산화탄소를 줄여 지구 온난화를 줄이는 효과도 가져옵니다.

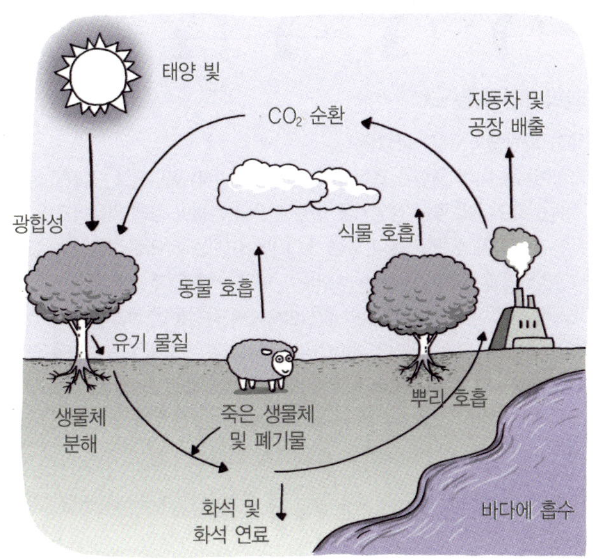

이산화탄소(CO_2)의 순환 : 광합성 식물을 이용하거나 이산화탄소의 화학적 환원으로 대기 중의 이산화탄소를 줄이고 화학 원료를 얻으려고 한다. 이런 점에서 이산화탄소는 화학 물질의 재생 가능한 원료이다.

유기 화합물은 대개 최종적으로 이산화탄소와 물로 변환됩니다. 이를 반대로 하면 이산화탄소에서 유기 화합물을 얻을 수 있습니다. 즉, 이산화탄소를 유기 화합물의 재생 가능한 원료로 볼 수 있습니다. 현재로는 이산화탄소를 유기 화합물의 원료로 사용하는 것은 경제성이 거의 없지만, 먼 장래를 위해서는 경제적인 방법이 나와야 할 것입니다. 이는 인류의 지속 가능한 성장을 위해 물질의 원료를 확보하는 동시에 온실가스를 줄이는 것도 될 것입니다.

유기 화합물과 무기 화합물

화학에서는 화학 물질을 크게 유기 화합물과 무기 화합물로 구분한다. 당초에는 유기 화합물은 생명력을 이용해 생명 기관을 통해 만들어지는 것, 무기 화합물은 생명 기관의 도움 없이 만들어지는 것으로 생각했다. 그러나 1828년에 뵐러(Friedrich Wohler, 1800~1882)가 소변에 들어 있는 요소를 생명 기관의 도움 없이 합성함으로써 화합물을 생명 기관과 연관 지어 구분하는 것은 의미가 없어졌다. 오늘날 유기 화합물은 탄소를 포함하는 화합물로, 무기 화합물은 탄소를 포함하지 않는 화합물로 구분한다. 다만 전통적으로 일산화탄소, 이산화탄소 같은 탄소 산화물과 카바이드 등은 무기 화합물로 분류한다.

⠿ 제8원칙

유도체화(보호/탈보호 반응, 일시적인 물리적/화학적 공정의 변형 등)는 가능하면 줄이거나 피해야 한다.

의약품 등 정밀 화학제품은 분자 구조가 조금만 달라도 성질이 크게 달라집니다. 이런 화합물을 합성하는 반응은 복잡한 여러 단계의 과정이 필요합니다. 비교적 간단한 예를 들어 보겠습니다.

A와 B를 반응시켜 C를 만들려고 할 때, A의 X와 Y 부분이 모두 비슷하게 B와 반응한다고 생각해 봅시다. A와 B를

바로 반응시키면 B가 A의 X와 Y 모두에 반응한 것, X에만 반응한 것(원하는 C) 그리고 Y에만 반응한 것이 나오게 됩니다. 그렇다면 C만 만들려면 어떻게 해야 할까요?

다음 그림의 아래 경로처럼, Y하고만 반응하는 어떤 시약을 사용해 Y 부분을 B와 반응하지 못하도록 보호(이를 보호 반응이라 함)한 다음에 B와 반응시키면 됩니다. 그러고 나서 보호된 Y 부분을 다시 원래의 것으로 되돌리는 것(이를 탈보호 반응이라 함)이 필요합니다. 이렇게 하면 한 단계로 바로 반응(그림의 위쪽 경로)시킬 때보다 더 많은 시약이 필요하고 더 많은 폐기물이 나옵니다. 녹색 화학의 여덟 번째 원칙은 그림의 아래 경로 같은 유도체화 과정을 최소화하도록 합성 방법을 고안해야 한다는 것입니다.

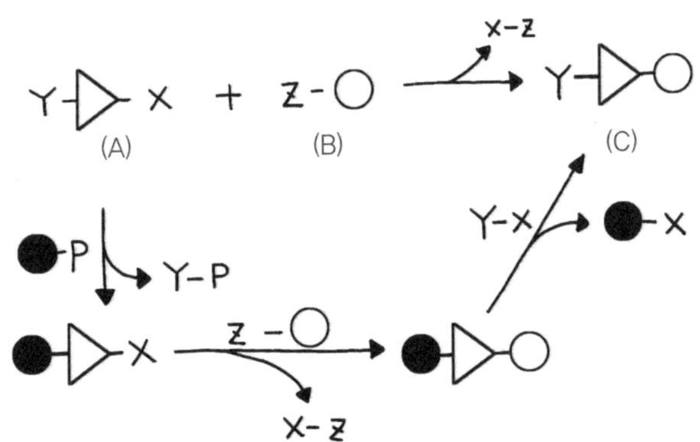

A와 B에서 C를 만드는 두 가지 경로 : 위의 경로가 녹색 화학적 경로이다.

촉매(될 수 있으면 선택적인 촉매)를 사용하는 것이 바람직하다.

보통 반응 속도를 빠르게 하기 위해서 높은 온도에서 반응시키면 원하는 물질 외에도 부산물이 생길 수 있습니다. 부산물이 많이 생기면 그만큼 원하는 생성물의 양은 적어지고 이를 분리하는 것도 어려워집니다. 그래서 화학자들은 반응

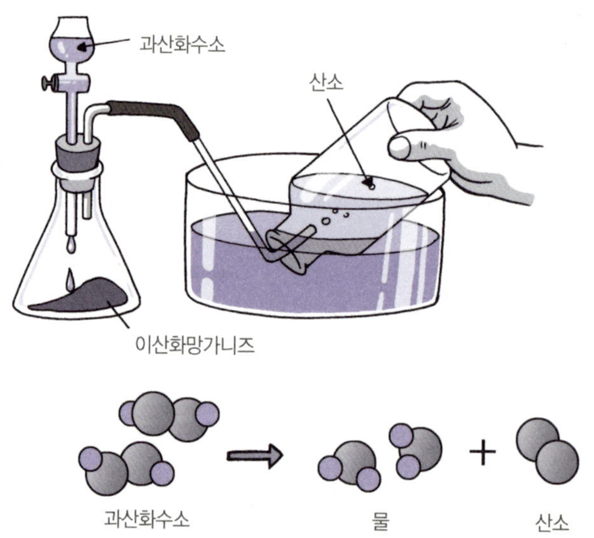

촉매 화학 반응의 예 : 이산화망가니즈가 든 삼각 플라스크에 과산화수소와 물을 섞은 용액을 넣으면 산소 기체가 발생한다. 과산화수소가 물과 산소로 분해되는 반응은 이산화망가니즈를 촉매로 하여 일어난다. 촉매는 반응 속도를 빠르게 할 뿐 자체는 변하지 않는다.

속도를 높이면서 반응 물질로부터 원하는 물질만 만들어 내는 방법을 찾고자 노력해 왔습니다. 아홉 번째 원칙은 촉매를 사용해 이를 달성하는 것이 바람직하다는 것입니다.

촉매는 화학 반응의 경로를 바꾸어 반응 속도를 빠르게 하는 물질입니다. 따라서 촉매를 사용하면 반응 속도를 높이기 위해 높은 온도에서 반응시킬 필요가 없습니다.

그렇다면 어떤 촉매가 보다 좋은 것일까요? 촉매를 사용함으로써 부산물이 생기지 않게 하고 반응 속도만 높이는 것이 좋은 촉매입니다. 이렇게 하면 원하는 물질만 주로 생기게 됩니다. 이런 촉매를 선택적인 촉매라고 합니다.

생체 내에서도 여러 화학 반응이 일어납니다. 생체 반응은 생체 내 조건에서 매우 선택적으로 일어나는데, 이것을 가능하게 하는 것이 효소라 불리는 촉매입니다. 효소는 선택적인 촉매의 대표적인 예입니다.

> **∷ 제10원칙**
>
> 화학제품은 사용한 후에 해롭지 않은 것으로 분해되도록 고안돼야 한다.

비닐이나 플라스틱, DDT의 공통적인 문제점은 무엇일까

요? 바로 자연 상태에서 잘 분해되지 않는다는 것입니다. 이 외에도 변압기 절연유로 사용되는 PCB도 자연 상태에서 잘 분해되지 않고 사람이나 동물에 축적되어 장기적 독성을 나타냅니다. 바람직한 화학제품은 기능을 다한 후에 해롭지 않은 것으로 분해돼야 합니다.

농약으로 사용되는 제초제나 살충제의 경우에는 더욱 그러합니다. 사용된 농약이 채소나 과일에 그대로 남아 있다면, 과연 마음 놓고 먹을 수 있을까요? 다행히 현재 사용되는 대부분의 농약은 뿌린 후 조금 지나면 거의 해가 없는 물질로 분해됩니다. 따라서 정직한 농부가 재배한 농산물은 큰 걱정

모기 등 해충을 죽이기 위해 뿌린 DDT로 오염된 먹이를 먹은 새가 낳은 알은 부화되지 않는다. DDT가 잘 분해된다면 이런 일은 일어나지 않을 것이다.

없이 먹을 수 있습니다.

인공 화학 물질은 산업 재료나 생활용품 등에도 많이 사용됩니다. 이들도 수명이 다한 후에 자연 상태에서 해롭지 않은 것으로 분해된다면, 철저한 폐기물 수거와 소각이 필요하지 않을 것입니다.

> **∷ 제11원칙**
>
> 실시간으로 화학 공정을 감시하고 해로운 물질의 생성을 통제할 수 있는 분석 방법의 개발이 필요하다.

가끔 화학 공장에서 수많은 사람이 목숨을 잃는 큰 사고가 일어납니다. 그리고 공장에서 해로운 물질이 나와 작업자들이 병을 얻는 경우도 있습니다. 또 해로운 물질이 강이나 공기 중으로 흘러 나가서 주변에 사는 주민이 큰 피해를 입는 경우도 있습니다.

대표적인 예가 1984년 인도 보팔의 살충제 제조 공장에서 일어난 대참사입니다. 이 사고로 15,000명이나 되는 사람이 사망하고, 50만 명 이상이 부상당했습니다. 한국에서는 1991년 구미의 한 전자 회사에서 나온 페놀(phenol)이라는 유해 시약이 낙동강으로 흘러들어, 낙동강 물을 식수원으로 사용

하는 주민이 고통을 당한 적이 있습니다.

__ 끔찍하네요. 선생님, 이런 사고를 어떻게 예방할 수 있을까요?

해로운 물질의 유출에 따른 환경 사고를 예방하는 한 가지 방법은 화학 공정의 각 단계에서 해로운 물질이 생기는지의 여부를 파악하고, 해로운 물질이 생성되거나 외부로 나오게 될 때는 즉각적으로 공장 가동을 멈추거나 애초에 생기지 않도록 조치를 취하는 것입니다. 이를 가능하게 하기 위해서는 실시간으로 각 단계에서 생성되는 물질을 분석하는 기술을 개발해야 합니다.

> **∷ 제12원칙**
>
> 화학 공정에 사용되는 물질은 폭발, 화재, 외부로의 배출 등의 사고 가능성이 거의 없는 것을 선택해야 한다.

화학 산업에서 사고를 예방하는 보다 근본적인 방법은 화학 공정 자체를 새롭게 개발하여 사고의 가능성을 줄이거나 없애는 것입니다. 또 산업 현장에서 나오는 폐기물을 즉각 처리하면 폐기물을 모아서 보관하다가 발생할 수 있는 여러 사고를 막을 수 있습니다. 이처럼 화학 공정을 개발할 때는 오염 방지와 사고 예방을 모두 적극적으로 검토해야 합니다.

지금까지 녹색 화학의 원칙들을 알아봤습니다. 이에 대한 구체적인 방법은 앞으로 수업을 하면서 차근차근 알아보겠습니다. 그러나 나는 여기서 몇 가지를 분명하게 언급하고자 합니다. 녹색 화학 원칙들은 각각 독립적인 것이 아니라 서로 밀접하게 연관되어 있으며, 이 원칙들은 화학 물질의 고안부터 생산과 폐기에 이르기까지의 전 과정에서 적용돼야 한다는 것입니다.

만화로 본문 읽기

벌써 현실로 돌아오다니…, 아쉽네요.
허허, 이건 단순한 타임머신이 아니에요. 책 속으로도 들어갈 수 있는 나노타임캡슐이지요.
물리
화학

책 속으로요?
마침 내가 1998년에 쓴 《녹색 화학》이 있네요. 녹색 화학을 실현시키기 위해 12원칙을 제시한 책이지요.
녹색 화학

이 책 속으로 들어가서 '녹색 화학의 12원칙'을 알아봅시다.
슈웅

1원칙 : 애초에 폐기물이 생기지 않게 하기.
2원칙 : 원료 100% 최종 생성물에 들어가게 하기.
3원칙 : 덜 해로운 물질 사용하고, 덜 해로운 물질 생기게 하기.
4원칙 : 원하는 기능은 있으면서 독성은 최소인 제품 고안하기.
5원칙 : 되도록 보조 물질 사용하지 않기.
6원칙 : 합성 과정에서 에너지 소비 최소화하기.
7원칙 : 재생 가능한 원료 사용하기.
8원칙 : 유도체화 반응 피하기.
9원칙 : 선택적인 촉매 사용하기.
10원칙 : 사용 후 해롭지 않은 것으로 분해되도록 고안하기.
11원칙 : 해로운 물질의 생성을 통제할 수 있는 방법 개발하기.
12원칙 : 사고 가능성이 거의 없는 안전한 물질 사용하기.
원칙들이 너무 많아 눈이 핑핑 돌 지경이에요.
이 원칙들을 종합해 보면, 녹색 화학이란 해로운 물질을 사용하지 않고 또 생기지 않도록 하는 것이지요.

그럼 이제 책 밖으로 나갈까요?
네~!!

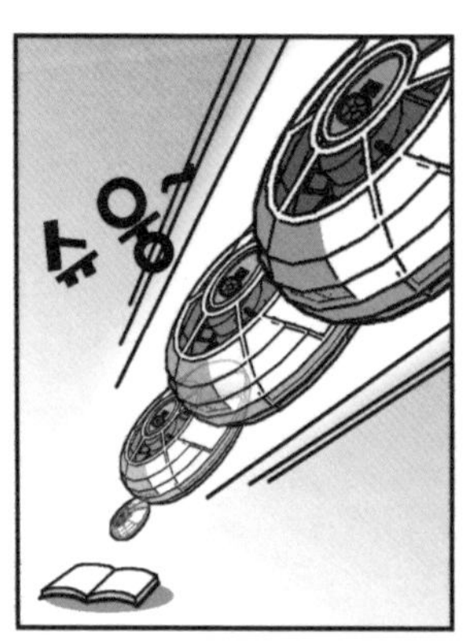
슈웅

선생님, 너무 재밌었어요. 왜 녹색 화학을 추구해야 하는지, 이를 실현시키기 위한 원칙은 무엇인지 확실하게 깨달았어요.
그럼, 이제 본격적으로 녹색 화학에 대해 알아봅시다.

3

폐기물 생성 줄이고
원자 경제성 높이기

화학 공장에서 나오는 폐기물을 없도록 하거나 줄이는 방법은 무엇일까요?
화학 물질 제조 과정을 새롭게 고안하고 폐기물을 활용하는 방법을 알아봅시다.

폐기물 생성 줄이고 원자 경제성 높이기

아나스타스가 조금 걱정스러운
낯빛으로 세 번째 수업을 시작했다.

화학은 우리의 생활에 필요한 물질을 생산하여 공급하는
아주 중요한 역할을 하고 있습니다. 화학으로 물질을 만들어
공급하지 않으면 오늘날 지구 상에 살고 있는 75억이나 되는
사람의 의식주 문제 해결은 불가능합니다. 또 전자 제품이나
자동차도 만들 수 없습니다.

그러나 지난 시간에 말했듯이 화학 공장에서 우리에게 필
요한 물질을 만들어 낼 때, 부산물과 폐기물도 생길 수 있습
니다. 폐기물은 화학 산업에서만 생기는 것은 아니며, 다른
산업 활동과 일상생활에서도 생기지만 이번 수업에서는 화

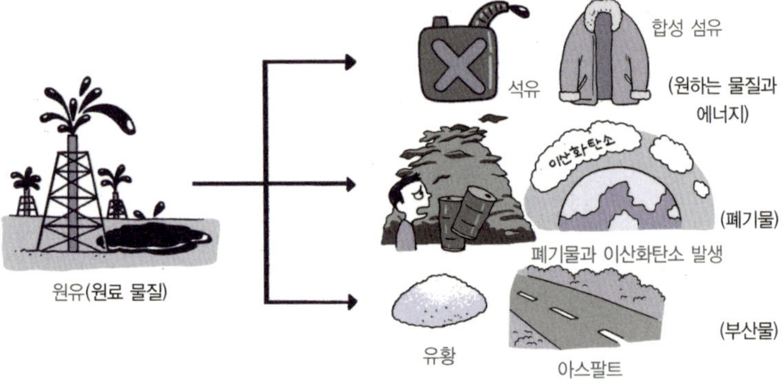

화학 물질을 만들 때는 원하는 물질만 생기는 것이 아니고, 버리거나 처리해서 없애야 하는 폐기물과 원하는 물질은 아니나 다른 용도로 사용할 수 있는 부산물도 생긴다.

학 산업에서 나오는 것에 초점을 맞추고자 합니다. 폐기물의 형태는 고체, 액체, 기체 등 다양합니다. 또한 활용되지 않고 그대로 배출되는 에너지도 폐기물로 간주한다고 했습니다.

대부분의 폐기물은 사람의 건강을 위협하고 환경을 오염시키는 공해 물질입니다. 물론 폐기물이 사람의 건강과 환경에 미치는 영향은 폐기물의 성질과 독성, 양 그리고 발생하는 경로에 따라 다를 수 있습니다.

지금까지의 공해 방지 대책은 공해 물질이 밖으로 빠져나가 환경 오염을 일으키는 것을 막고, 해롭지 않도록 처리하는 것에 주로 초점을 맞추어 왔습니다. 특히 화학 공장에서 생기는 많은 폐기물은 독성이 크기 때문에 집중 감시와 관리

대상이었습니다. 그러나 보다 효과적인 공해 방지 대책은 아예 폐기물이 생기지 않도록 예방하는 것입니다.

이번 수업에서는 화학 물질 제조 과정에서의 폐기물 발생을 예방하기 위해 생각해야 할 원칙과 예방 방법에 대해 소개하겠습니다. 에너지 사용에 관한 내용은 다섯 번째 수업에서 다루고, 오늘 수업에서는 물질적인 것만 다루고자 합니다.

왜 폐기물 생성을 막는 것이 폐기물을 처리하는 것보다 더 좋은가?

녹색 화학의 첫 번째 원칙은 '폐기물은 생긴 다음에 처리하기보다 생기지 않도록 해야 한다'는 것입니다. 당연한 이야기인 것 같지만 다 함께 그 이유가 무엇인지 생각해 봅시다.

가장 큰 이유는 경제적인 것입니다. 현재의 기술로는 화학 공장에서 나오는 폐기물을 외부로 빠져나가지 않게 모으고 해롭지 않은 것으로 바꾸는 것이 가능합니다. 그러나 이렇게 하는 데 많은 비용이 듭니다. 수십 년 전만 하더라도 폐기물을 적당히 버리면 됐습니다. 기체는 공기 중으로 내보내고,

고체는 땅에 묻고, 액체는 강이나 바다로 흘려보내는 식으로 폐기물을 처리했습니다. 물론 이렇게 하면 공기, 땅, 강, 바다가 오염됩니다. 그러나 이제는 환경 관련 법령이 마련되어 이렇게 하는 것은 모두 불법입니다. 환경 관련법은 특정 폐기물의 배출 한도와 처리 방법을 엄격하게 규정하고 있습니다. 설령 몰래 폐기물을 불법적으로 처리하더라도 곧 발각되어 벌금형과 형사 처분, 시설 개선 심지어는 공장 폐쇄의 조치를 받을 수 있습니다. 이 때문에 화학 공장은 폐기물을 모으고 이를 처리하기 위해 많은 비용을 지불하고 있습니다. 이 점은 화학 연구실이나 실험실도 마찬가지입니다.

자칫하면 폐기물 처리 비용 때문에 화학 산업의 성장은 물론 현상 유지마저 어려울 수 있습니다. 화학 산업이 발전하지 않으면 전자 산업, 섬유 산업, 자동차 산업 등 물질을 사용하는 산업 모두가 발전할 수 없습니다.

또 다른 이유는 자원 절약의 측면입니다. 폐기물은 결국 원료 물질 중 일부가 쓸모없는 물질로 된 것입니다. 따라서 폐기물 발생은 원료 물질을 낭비하는 것과 같은 것입니다. 원료 자원의 고갈이 우려되고 원료 가격이 올라가는 지금의 시대에는 녹색 화학을 통해 폐기물을 발생시키지 않게 하거나 폐기물 발생량을 줄이는 것이 매우 중요해지고 있습니다.

폐기물 발생 정도를 숫자로 나타내는 환경 영향 인자

 __ 선생님, 어떤 화학 물질의 생산 방법이 얼마나 녹색 화학적인지 숫자로 나타낼 수 있나요?

 네, 있습니다. 1990년대에 두 가지 방법이 학자들에 의해 제안되었고, 현재 사용되고 있습니다. 한 가지는 환경 영향 인자(E-factor)입니다. 환경 영향 인자는 원하는 생성물 1kg을 만들 때 발생되는 폐기물의 kg수입니다. 이 수가 작을수록 그만큼 폐기물 발생이 적어 환경에 주는 영향이 작습니다. 다른 한 가지는 원자 경제성이라는 것인데, 잠시 후에 설명하겠습니다.

 __ 어떻게 하면 환경 영향 인자를 낮출 수 있나요?

 두 가지 방법이 있습니다. 하나는 원료의 종류를 바꾸는 것입니다. 자연 상태 그대로의 원료를 사용하지 않는 한, 원료를 만들 때의 환경 영향 인자도 고려해야 합니다. 그리고 원료를 바꾸는 데 드는 경제적 부담도 고려해야 하고요.

 또 다른 방법은 같은 원료를 사용하더라도 되도록 폐기물이 적게 나오는 방법으로 제조 방법을 바꾸는 것입니다. 예를 들어 에틸렌(ethylene)에서 산화 에틸렌(ehtlyene oxide)을

제조하는 과정을 살펴보겠습니다. 산화 에틸렌은 아주 많은 화학 물질의 제조에 사용되는 원료 물질로, 세계적으로 연간 2,000만t이나 생산되고 있습니다.

전통적인 제조 방법은 먼저 에틸렌을 물과 유독 기체인 염소와 반응시켜 클로로하이드린(chlorohydrin)이라는 물질을 만들고, 이를 다시 수산화칼슘과 반응시켜 산화 에틸렌을 만드는 것입니다. 두 단계 반응을 합한 이 제조 방법의 환경 영향 인자는 대략 5입니다. 즉, 2,000만t의 산화 에틸렌을 이 방법으로 생산한다면 약 1억t의 폐기물이 발생합니다. 이 중에는 독성이 아주 큰 염화수소(HCl) 기체도 포함됩니다. 그래서 이 방법은 현재 거의 사용되지 않습니다.

〈전통적 방법〉

1단계 : $CH_2=CH_2+Cl_2+H_2O \longrightarrow Cl-CH_2-CH_2-OH+HCl$
에틸렌 　　　　　　　　　　　클로로하이드린

2단계 : $2Cl-CH_2-CH_2-OH+Ca(OH)_2$
클로로하이드린
$$\longrightarrow 2H_2\overset{O}{\overset{\diagup\,\diagdown}{C-CH_2}}+CaCl_2+2H_2O$$
산화 에틸렌

〈새로운 녹색 화학적 방법〉

$$7CH_2=CH_2+6O_2 \xrightarrow{Ag(촉매)} 6H_2\overset{O}{\overset{\diagup\,\diagdown}{C-CH_2}}+2CO_2+2H_2O$$
에틸렌 　　　　　　　　산화 에틸렌

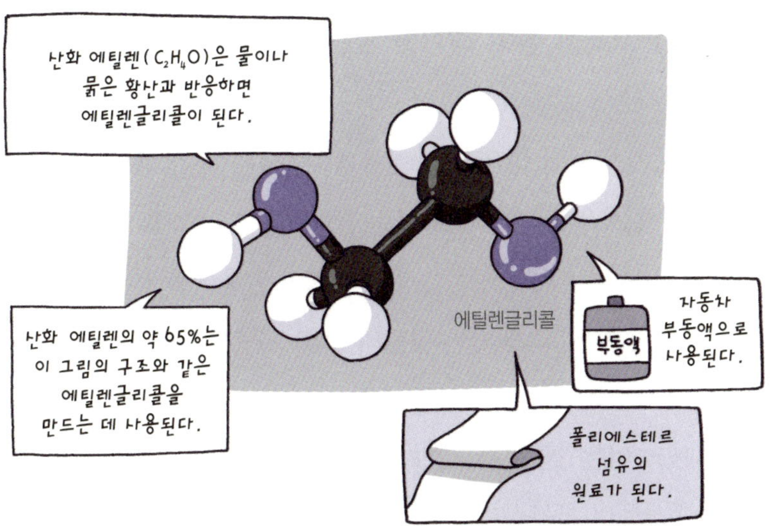

새로운 산화 에틸렌 제조 방법은 에틸렌과 산소를 은을 촉매로 해 반응시키는 한 단계 반응입니다. 이 새로운 방법의 환경 영향 인자는 0.3입니다. 이 방법에서는 2,000만t의 산화 에틸렌을 생산할 때 발생하는 폐기물(주로 이산화탄소)이 600만t에 불과합니다.

전통적인 방법에 비해 새로운 녹색 화학적 방법에서는 폐기물의 발생량이 훨씬 적을 뿐 아니라, 유독한 염소 기체를 반응물로 사용하지 않으며, 폐기물의 해로운 정도도 월등히 낮습니다.

원자 경제성 높여 폐기물 발생 줄이기

우리는 주어진 양의 원료에서 보다 많은 양의 생성물을 얻을 때, 원료의 경제성이 좋다는 말을 합니다. 화학 물질 합성에서는 비슷한 개념으로 원자 경제성이란 용어를 사용합니다. 이 용어는 미국 스탠퍼드 대학의 트로스트(Barry Trost) 교수가 유기 화합물 합성의 효율성을 나타내기 위해 제안한 것입니다. 이는 균형 잡힌 반응식의 오른쪽에 있는 원하는 목표 생성물의 분자량과 왼쪽에 있는 반응물의 분자량 합의 비율입니다.

$$\text{원자 경제성(\%)} = \frac{\text{원하는 생성물의 분자량}}{\text{반응물의 분자량 합}} \times 100$$

원자 경제성이 100%라면 반응물의 모든 원자가 최종 목표 생성물에 들어간다는 뜻이 됩니다. 이 경우에는 어떤 폐기물도 생길 수 없지요. 만일 원자 경제성이 50%라면, 반응물의 50%만이 원하는 목표 생성물에 들어가고, 나머지 50%는 폐기물이나 부산물에 들어간다는 뜻이 됩니다. 따라서 원자 경제성을 높이는 것이 폐기물 발생을 줄이는 것이 됩니다.

많은 유기 화합물 합성에서는 간단한 원료 물질에서 출발해 보다 복잡하고 큰 분자의 물질을 만들어 냅니다. 이때 원자 경제성을 100%, 즉 사용하는 모든 원료가 전부 최종 목표 생성물에 들어가도록 합성 방법을 개발해야 한다는 것이 녹색 화학의 두 번째 원칙입니다.

__ 선생님, 잘 이해가 되지 않는데 유기 화합물 합성에서 원자 경제성을 높인 예를 들어 주세요.

아주 많이 있습니다만, 진통 해열제로 사용되는 이부프로펜(ibuprofen)을 아이소뷰틸벤젠(isobutylbenzene)으로부

터 합성한 것이 좋은 예가 되겠습니다.

1960년대 개발된 이부프로펜 합성법에서는 6단계의 반응을 거치는데, 이것의 원자 경제성은 40%에 불과합니다. 즉, 반응 물질 무게의 40%만이 최종 생성물인 이부프로펜에 들어가고 나머지 60%는 폐기물에 들어가게 됩니다. 세계적으로 1년에 1,400만kg이 생산되니, 폐기물은 이것의 1.5배인 약 2,000만kg이나 됩니다.

1990년대 BHC 회사는 3단계 과정을 거치면서 원자 경제성이 77~99%인 새로운 이부프로펜 합성 방법을 개발했습니다. 이 합성 방법으로 폐기물의 양이 줄어들었을 뿐 아니라 합성 과정에 들어가는 여러 시약과 에너지 비용을 절약하

고, 합성 기간을 크게 단축했습니다. 결과적으로 환경 보호
는 물론, 회사에 큰 경제적 이익을 주었습니다. 1997년 미국
환경보호국은 이 새로운 합성 방법에 대해 '더욱 녹색적인
합성 경로' 부분 '녹색 화학 도전 대통령상'을 수여했습니다.

과학자의 비밀노트

녹색 화학 도전 대통령상

공해를 방지하고 산업에서의 폭넓은 응용성을 갖는 혁신 화학 기술을 표
창하고 장려하기 위해 1995년에 미국 환경보호국이 제정했다. 선정은 미
국 화학회가 주관한다. 매년 학술, 소기업, 더욱 녹색적인 합성 경로, 더
욱 녹색적인 반응 조건, 더욱 녹색적인 화학 물질 고안 등 5개 부분에 대
해 시상한다.

http://www.epa.gov/gcc/pubs/pgcc/presgcc.html에서 선정
조건과 역대 수상자들을 볼 수 있다.

독성이 적은 물질을 원료로, 독성이 적은 물질이 생기도록!

__ 선생님, 그렇다면 화학 물질을 합성할 때 폐기물의 양을
줄이는 것이 가장 중요한가요?

반드시 그런 것은 아닙니다. 화학 물질의 위험성은 그 물질의 해로운 정도와 노출량에 의해 결정됩니다. 독성이 큰 물질은 적은 양으로도 큰 위험을 줄 수 있습니다. 따라서 폐기물의 양도 고려해야겠지만, 독성이 큰 물질이 생기지 않는 합성 방법을 찾아야 합니다.

원료 물질도 마찬가지로 가능한 한 독성이 작은 물질을 사용해야 합니다. 오늘날 알려진 대부분의 물질에 대한 독성 자료가 거의 모아졌으니, 이를 참조하면 됩니다.

폐기물을 부산물로 재활용하기

__ 선생님, 전통적인 산화 에틸렌 제조 과정에서 발생되는 염화수소(HCl)와 염화칼슘($CaCl_2$)은 다른 용도로 사용되는 화학 물질이 아닌가요? 왜 폐기물로 처리하지요?

앞서 말했지만 폐기물은 경제적 가치가 없기 때문에 버려야 하는 물질입니다. 경제적 가치가 있는 것은 폐기물이 아니고 부산물이라고 부릅니다. 폐기물 발생을 줄이는 것도 중요하지만, 폐기 대상인 물질을 다른 것의 원료 물질로 사용해서 결과적으로 폐기물을 줄이는 효과를 얻는 것도 중요합니다. 물론 이때에는 경제성이 고려돼야 합니다.

염화수소나 염화칼슘은 여러 용도로 사용되는 중요한 물질들입니다. 그러나 산화 에틸렌의 제조 과정에서 나오는 염화수소와 염화칼슘을 모으고 정제하여 필요한 용도에 사용하기 적합한 상태로 만드는 데에는 많은 비용이 듭니다. 이것들은 다른 방법으로 제조하는 것이 훨씬 경제적입니다.

그러나 폐기물로 간주되어 처리에 고심했던 물질들도 새로운 용도가 개발되어 원료 물질이 된 것도 있습니다. 좋은 예가 동물성 지방과 폐식용유, 사탕수수에서 설탕을 뽑아내고 남은 찌꺼기 등의 바이오매스(biomass)입니다. 이들은 바이오연료나 다른 화학 물질 제조의 원료가 되어 석유를 대체하는 주요 자원으로 이용될 수 있습니다.

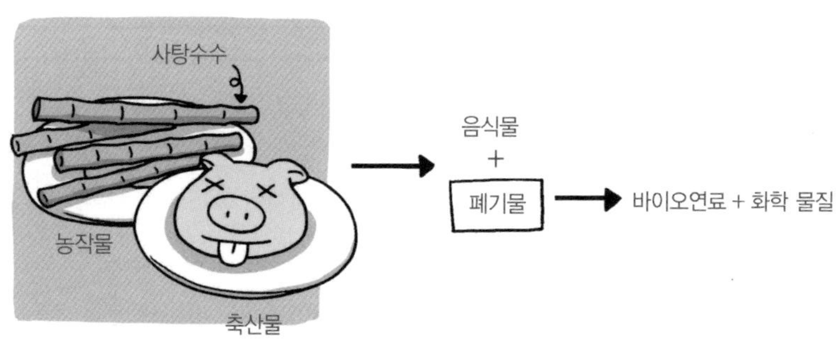

농축산물 폐기물이 바이오연료와 화학 물질의 원료가 되고 있다.

네, 폐기물은 환경을 오염시키는 공해 물질입니다. 그렇다면 공해를 방지하기 위해 어떤 대책을 세워야 할까요?
화학 공장에서 우리가 필요한 물질을 만들어 낼 때, 부산물과 함께 생기는 폐기물은 대부분 해로운 물질이지요?

당연히 처음부터 폐기물이 생기지 않게 하면 되지요.
그래요. 폐기물은 생긴 다음에 처리하기보다 생기지 않게 하는 것이 중요하지요.
DANGER

왜냐하면 폐기물 처리 비용 때문에 화학 산업의 성장을 방해받을 수 있거든요. 현재의 기술로 폐기물을 외부로 빠져나가지 않게 모으고, 해롭지 않은 것으로 바꾸는 것이 가능하지만 많은 비용이 들어요.
그렇군요.
환경을 오염시키지 않게 폐기물을 처리하는 데 비용이 너무 많이 드네요~.

폐기물 처리 비용 문제로 화학 산업이 발전하지 않으면 전자 산업 등 물질을 사용하는 산업은 발전할 수 없지요.
또 다른 이유도 있나요?
화학 산업 침체
전자 산업, 섬유 산업, 자동차 산업 침체

네, 바로 자원 절약의 측면이에요. 폐기물은 원료 물질 중 일부가 쓸모없는 물질로 된 것이므로 폐기물 발생은 원료 물질을 낭비하는 셈이지요.
정말 그러네요.
원하는 물질
폐기물
부산물

그래서 원료 자원의 고갈이 우려되는 오늘날 녹색 화학을 통해 폐기물 발생량을 최소화하는 것이 매우 중요하답니다.
녹색 화학의 원칙을 지키는 일이 정말 중요하군요. 폐기물이 생기지 않게 저 피자는 제가 처리하겠어요. 헤헤.
원하는 물질
폐기물

4

녹색 화학 물질의 고안과 평가

더욱 안전한 화학 물질을 어떻게 고안할까요?
화학 물질의 독성을 어떻게 미리 짐작할 수 있을까요?

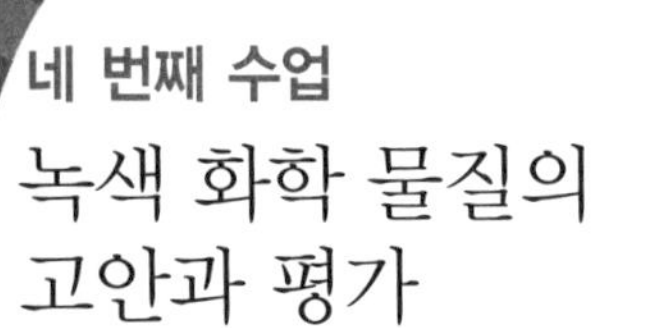

녹색 화학 물질의 고안과 평가

아나스타스가 녹색 화학의 목표를
상기시키면서 네 번째 수업을 시작했다.

녹색 화학은 해로운 물질의 사용 또는 발생을 줄이거나, 애초에 해로운 물질이 발생하지 않도록 하는 것을 목표로 하고 있습니다. 이 목표를 달성하는 한 가지 방법을 지난 시간에 알아봤습니다. 그것은 화학 물질을 생산할 때 폐기물 생성을 막거나 가능한 한 줄이는 것입니다.

그러나 폐기물만 환경에 해로운 영향을 미치는 것은 아닙니다. 우리가 유용하게 사용하는 화학 물질도 미리 예상하지 못했던 해로운 점이 발견되는 경우가 많이 있습니다. 첫 번째 수업에서 언급한 살충제 DDT, 임신 입덧 치료제 탈리도

마이신, 플라스틱 첨가제 등을 예로 들 수 있습니다.

어떻게 하면 성능은 우수하면서도 해를 끼치지 않는 물질을 찾아내어 합성하고, 사용할 수 있을까요? 또 어떻게 화학 물질의 유해성을 미리 알아낼 수 있을까요? 이에 대한 방안을 모색하는 것이 녹색 화학의 큰 과제가 될 것입니다. 이번 수업에서는 이것에 대해 함께 고민해 봅시다.

보다 안전한 화학 물질의 고안

사회가 계속 발전하기 위해서는 화학을 통해 보다 좋은 성능을 갖는 의약품, 농약, 각종 기능성 재료 등 새로운 물질을 개발하는 것이 필요합니다. 새로운 물질을 개발할 때 기능은 우수하면서도 독성은 적은 물질을 고안해 내는 것이 녹색 화학 목표의 하나입니다.

지금까지 개발된 대부분의 화학 물질은 기능성만을 고려하여 합성된 것들이 많이 있습니다. 이 과정에서 그 물질이 사람과 환경에 어떤 독성을 나타낼 것인가는 크게 고려하지 않았습니다. 이제는 기능성과 함께 독성도 고려해 새로운 물질을 개발해야 합니다.

__ 선생님, 왜 과거에는 화학 물질의 독성을 크게 고려하지 않았나요?

환경에 대한 인식이 부족했고 또한 당시 기술력으로는 새롭게 만들려는 물질이 어떤 독성을 나타낼 것인가를 미리 짐작할 수가 없었습니다.

__ 그렇다면 지금은 만들어지지도 않은 물질이 어떤 성질을 가질 것이며, 어떤 독성을 나타낼 것인가를 미리 알 수 있다는 것인가요?

어느 정도는 짐작할 수 있습니다. 화학 물질의 성질은 그 물질의 분자 구조에 의해 결정됩니다. 지난 수십 년간의 연구 결과, 화학자들은 어떤 구조의 분자가 어떤 성질을 나타낼 것인가를 비교적 정확하게 알 수 있게 됐습니다. 또한 독성학자들은 화학 물질의 분자 구조와 독성 사이의 상관관계

를 상당 부분 이해하게 되면서 독성 물질이 독성을 나타내는 이유를 파악하게 됐습니다.

화학 물질의 독성은 물질 그 자체에 의한 경우도 있지만, 이들 물질이 환경이나 생체 내에서 다른 물질로 변형된 후 변형된 물질이 독성을 나타내는 경우가 많습니다. 화학자, 생화학자, 독성학자, 약학자들은 어떤 물질이 어떻게 변형되며, 변형된 물질이 어떻게 생물학적 기능이나 독성을 나타내는지를 이해하게 됐지요. 이와 같은 이해를 바탕으로 이제는 보다 안전하면서도 훌륭한 기능의 물질을 고안하는 것이 가능하게 됐습니다.

화학 물질 고안에 큰 역할을 하는 컴퓨터

화학 물질의 구조와 성질 사이의 연관성을 밝히고, 보다 안전한 화학 물질을 고안하는 데 컴퓨터의 발전이 큰 역할을 했습니다. 이제는 고성능 컴퓨터를 써서 물질의 3차원적 분자 구조를 정확하게 알 수 있습니다. 또 이미 알려진 수많은 분자들의 구조, 성질, 기능 간의 연관성을 파악하고, 이들 관계를 수식으로 표현하는 것까지 컴퓨터를 이용해 가능해졌습니다.

화학 물질 가운데 우리에게 중요한 것 중 하나는 약물입니다. 새로운 약물의 개발은 화학 산업의 큰 부분을 차지합니다. 약물은 비교적 크기가 작은 분자입니다. 약물은 효소 같은 생물 고분자나 생체 조직의 어떤 부분에 결합되어 이들의 생물학적 역할을 바꾸는 물질입니다. 작은 분자가 생물 고분자나 조직에 결합할 때, 그 결합되는 부분을 작은 분자의 표적이라 부릅니다.

우리는 어떤 구조의 분자가 생물학적 표적에 얼마나 잘 결합될 것이며, 분자 구조를 어떻게 바꾸면 결합되는 성질이 어떻게 바뀔 것인가를 컴퓨터로 연구할 수 있습니다. 이렇게 하여 성능은 우수하면서도 독성이 작은 약물을 찾아내고, 실

제로 합성해서 시험합니다.

화합물의 기능은 유지하면서 독성을 줄이는 방법

화합물의 종류와 사용하는 용도는 아주 다양합니다. 어떤 화합물이 원하는 용도에서는 아주 좋은 성능을 보이나, 인체나 생태계에 독성을 나타낸다면 어떻게 해야 할까요?

__ 그 화합물의 사용을 금지시키면 됩니다.

글쎄요. 소극적인 방법이군요. 그 독성 물질에 버금가는 성능의 물질이 개발돼 있다면 가능하겠지만, 그렇지 않은 경우는 어렵습니다. 아주 엄격히 제한된 조건에서 사용하도록 하고, 이 물질이 들어가는 제품의 폐기도 엄격히 관리해 사람이나 생태계에 주는 영향을 최소화해야 할 것입니다. 보다 근본적인 대책은 비슷한 성능을 가지면서 독성이 없거나 아주 작은 물질을 고안하고 개발하는 것이지요.

__ 어떻게 하면 그런 물질을 개발할 수 있나요?

우선 그 물질이 어떻게 하여 독성을 나타내는가를 알아야 합니다. 그러고는 독성을 나타내지 않도록 분자를 변형시킵니다. 물론 분자의 변형으로 그 물질이 원래 가지고 있던 성능이 나빠져서는 안 됩니다.

또 다른 방법은 해당 물질에서 독성을 나타내는 부분을 일시적으로 다른 것으로 변형시켜 물질의 독성을 없앤 다음, 필요할 때 그 부분을 원래 상태로 되돌리는 것입니다.

어떤 물질이 생물체에 독성을 나타내기 위해서는 그 물질이 생물체 내로 흡수돼야만 합니다. 독성 물질이 생물체에 흡수되지 못하도록 변형을 시키는 것도 한 방법입니다. 예를 들어, 호흡기를 통해 흡수되는 입자의 크기는 약 10μ(마이크론, 1μ은 100만분의 1m) 이하입니다. 그러므로 입자의 크기를 조절하여 호흡기를 통한 흡수를 막을 수 있습니다. 피부나 세포막을 통한 흡수도, 흡수 정도를 결정하는 요인들을 많이 알고 있기 때문에 물질을 이루는 입자를 적절하게 변형시켜 독성 물질이 체내로 흡수되는 것을 막을 수 있습니다. 이렇게 하면 독성이 있더라도 실제로 사용하는 상태에서는 독성이 없는 물질이 될 것입니다.

자연 상태에서 해롭지 않은 것으로 분해되는 물질

화학 물질이 환경에 미치는 나쁜 영향은 그 물질이 잘 분해

되지 않기 때문에 일어나는 경우가 많이 있습니다. 우리가 흔히 사용하는 플라스틱과 비닐이 한 예가 됩니다. 한국에서는 1년에 대략 30만t의 비닐이 농업용으로 사용되는데, 그중에서 약 10만t은 수거되지 않고 자연 환경에 방치된다고 합니다. 이들이 분해되는 데는 약 500년이라는 긴 시간이 걸립니다. 농토에 버려진 폐비닐은 농작물의 성장과 발육에 큰 지장이 되며, 강이나 바다로 흘러들어 간 폐비닐은 물에 사는 생물에 큰 위험을 줍니다.

수거된 폐비닐이나 플라스틱의 일부는 재생 원료로 사용되고 나머지는 주로 소각됩니다. 소각 처리 과정에서 독성이 큰 다이옥신 등 여러 해로운 물질이 발생하여 환경 오염의 원인이 되기도 합니다.

또 살충제로 사용했다가 야생 동물에 독성을 나타내는 것으로 밝혀진 DDT, 냉장고나 냉방기의 냉매로 사용했다가 오존층 파괴의 주범이 된 염화플루오린화탄소(CFC) 화합물 등도 쉽게 분해되지 않기 때문에 자연에 해를 끼치는 것입니다.

그리고 1950년대에 많이 사용된 합성 세제도 잘 분해되지 않아 강, 바다 심지어는 수돗물에서 거품이 나는 원인이 됐습니다. 따라서 화학 물질은 그 용도가 다한 다음 사람이나 환경에 해롭지 않은 물질로 쉽게 분해되는 것이 바람직합니

다. 녹색 화학은 이런 특성을 가진 물질을 개발하는 것도 목
표로 하고 있습니다.

물질은 여러 경로로 분해됩니다. 미생물에 의해 분해되기
도 하고, 물이 첨가되거나 다른 분자와의 화학 반응으로 분
해되기도 하며, 빛에 의해 분해되기도 합니다. 이제 우리는
분해되기 좋은 구조의 화합물이 어떤 것인가를 잘 파악하고,
어떤 구조의 물질이 잘 분해되는지 등을 알고 있습니다.

종전에 사용되던 화합물의 구조를 변형시켜 자연 상태에서
쉽게 분해되도록 한 예는 많이 있습니다. 한 가지 좋은 예가
세탁할 때 사용하는 합성 세제입니다. 최근에 나온 합성 세

제는 과거에 비해 세탁력은 비슷하면서도 미생물에 의해 잘 분해됩니다. 잘 분해되도록 화학 구조를 변형한 것이지요.

과학자의 비밀노트

화학 구조와 생물 분해성

어떤 구조의 화합물이 미생물에 의해 쉽게 분해되고, 어떤 구조의 화합물이 잘 분해되지 않을까? 환경 오염이 적은 물질을 개발하기 위해 꼭 알아야 할 사항이다. 지난 수십 년간 축적된 자료에서 다음과 같은 경향이 얻어졌다.

잘 분해되지 않는 화합물	잘 분해되는 화합물
탄소–할로젠 화합물, 가지 달린 탄화수소 사슬을 갖는 화합물, 3차 아민 화합물 등	에스테르, 아마이드 연결을 갖는 화합물(이 연결이 효소에 의해 잘 끊어짐) 등

초기에 개발된 합성 세제는 벤젠설포네이트에 가지 달린 탄화수소 사슬이 연결된 것으로, 자연 상태에서 잘 분해되지 않았다. 이 탄화수소 사슬을 선형으로 바꾸어 생물 분해성을 크게 향상시켰다. 또 4개의 알킬기가 1개의 질소 원자에 결합된 암모늄염은 잘 분해되지 않으나, 알킬기 일부에 에스테르 연결을 넣으면 훨씬 빠르게 분해된다.

＿＿ 성능이 우수하면서도 환경에 해로운 물질을 모두 화학적 변형을 통해 친환경 물질로 바꿀 수 있나요?

그렇지는 않습니다. 설령 가능하다고 해도, 그 방법을 찾는 것이 아주 어려워 실제로 불가능한 경우가 있습니다.

＿＿그런 경우는 어떻게 해야 하나요?

우선 그 물질을 사용하는 데에서 오는 유익함과 해로움을 비교해야 합니다. 유익함이 더 크다면 당분간은 아주 제한된 조건에서 계속 사용해야지요. 동시에 그 물질을 대체하는 보다 친환경적인 새로운 물질을 개발해야 할 것입니다. 세 가지 예를 들어 보겠습니다.

첫째, 생물 분해성 고분자 물질입니다. 과학자들은 종전의 비닐이나 플라스틱에 비해 강도는 비슷하면서도 미생물에 의해 쉽게 분해되는 고분자를 개발했습니다. 대표적인 것이 PLA(polylactic acid)라 불리는 폴리락트산입니다. 이 물질은 옥수수를 발효시켜 얻은 물질로 만듭니다. 이에 대해서는 다음 수업에서 좀 더 구체적으로 설명하겠습니다.

둘째, 농약입니다. DDT와 같은 유기-염소계 살충제는

옥수수로 만든 생물 분해성 PLA 음료수 컵

1950~1960년대에 농약으로 많이 사용됐는데, 이는 자연 상태에서 잘 분해되지 않아 사람이나 생태계에 큰 위험이 된다는 것이 알려졌습니다. 이후 이들 농약을 대체하는 유기-인산계 농약이 개발돼 사용되고 있습니다. 새롭게 개발된 농약은 포유동물에게는 유기-염소계 농약보다 독성이 훨씬 크고, 벌 등 농업에 이로운 곤충도 죽게 합니다. 그러나 자연 상태에서 빠르게 분해되기 때문에 잔류 독성의 위험성은 훨씬 적은 편입니다. 물론 분해되기 전에 농약을 뿌린 목적인 해충이나 잡초를 죽게 하는 기능은 완수하지요.

셋째, 해충의 호르몬을 닮은 물질입니다. 곤충의 변태를 억제하는 호르몬과 먹이 유인 물질을 사용해 해충을 죽이는 방법이 개발됐습니다. 이들은 환경에는 거의 해가 없지만, 비용이 많이 들어 현재로는 대량 사용에 어려움이 있습니다.

＿ 그렇다면 기능은 우수하면서도 독성이 작은 물질을 개발하기 위해서는 화학, 독성학, 생물학 등을 모두 알아야 하나요?

한 사람이 모든 분야의 전문가가 될 수는 없습니다. 다만 화학과 관련된 분야를 공부하는 사람들에게 필요한 것은 인류의 지속적인 번영을 위해 화학 물질의 유해성을 감소시키는 것이 그들의 임무라는 생각을 갖는 것입니다. 그런 다음에 무엇을 해야 하고, 어떤 지식이 필요한가를 스스로 파악하게 될 것입니다. 다른 분야의 지식은 해당 분야 전문가의 도움을 받으면 됩니다. 물론 다른 분야 전문가의 도움을 받으려면, 해당 분야에 대한 약간의 지식은 필요합니다.

나는 여러분이 이와 같은 일을 할 충분한 능력이 있다고 믿습니다. '뜻이 있으면 길이 있다' 라고 했고, '두드리면 열린다' 라고 했습니다. 먼저 뜻을 세우고 길을 찾기 바랍니다.

선생님, 새로운 물질을 개발할 때 기능은 우수하면서도 독성은 작은 물질을 고안해 내는 것이 녹색 화학 목표의 하나잖아요?
그렇지요.

그런데 만들어지지도 않은 물질의 성질과 독성은 어떻게 알 수 있나요?
지난 수십 년간의 연구 결과, 화학자들은 어떤 구조의 분자가 어떤 성질을 나타낼지를 비교적 정확하게 알 수 있게 되었어요.
이렇게 긴 탄소-수소 사슬인 걸 보아하니 물에는 녹기 힘들겠군.

또한 독성학자들은 화학 물질의 분자 구조와 독성 사이의 상관관계를 상당 부분 이해하게 되면서 독성 물질이 독성을 나타내는 이유를 알게 됐지요.
그렇군요.
기능은 우수하고 독성은 작은 물질을 고안해 내는 것이 목표이지

그러면 성능은 좋으면서 독성이 큰 물질은 어떻게 해야 하나요?
우선 물질이 독성을 나타내지 않도록 분자를 변형시켜요. 물론 분자의 변형으로 원래 가지고 있던 성능이 나빠져서는 안 되지요.
독성
변형

또 다른 방법은 독성을 나타내는 부분을 일시적으로 변형시켰다가 물질의 독성을 없앤 다음, 필요할 때 그 부분을 원래 상태로 되돌리는 것이지요.
예를 들면요?
독성 제거
독성 부분 모양 변형
원상 복귀

예를 들어, 입자의 크기를 조절하여 호흡기나 피부를 통한 흡수를 막을 수 있어요. 이렇게 하면 분자는 독성이 있더라도 실제로 사용할 때에는 독성이 없는 물질이 되는 것이지요.
그렇군요.
몸이 너무 커서 못 들어가겠어.
독성

5

녹색 화학의 원료 물질과 에너지

지속 가능한 성장을 위해 화학 물질과 에너지의 원료는 재생 가능해야 합니다.
재생 가능한 원료를 어떻게 얻을 수 있을까요?

아나스타스가 어릴 적 이야기로
다섯 번째 수업을 시작했다.

내가 어릴 적에 아버지께서 '비료와 나일론은 무엇에서 얻는지 아느냐?'고 물으신 적이 있습니다. 아버지께서 말씀하신 비료는 아마도 가장 많이 사용되는 비료인 요소 비료를 뜻했을 것입니다. 내가 선뜻 대답을 못하자, 아버지는 '답은 석탄, 물, 공기'라고 가르쳐 주셨습니다. 나는 이때 크게 자극을 받아 주변에서 흔히 볼 수 있는 물질을 가지고 사람이 살아가는 데 꼭 필요한 물질을 만드는 화학자가 되겠다고 다짐했습니다.

요소 비료와 나일론은 모두 탄소, 수소, 질소, 산소로 이루

어진 화학 물질입니다. 석탄의 주성분은 탄소이며, 물은 수소와 산소로 되어 있습니다. 그리고 공기는 약 80%가 질소이고 나머지 20%는 산소입니다. 따라서 석탄, 물, 공기로부터 요소 비료와 나일론은 물론 다른 탄소, 수소, 질소, 산소 화합물도 만들 수 있습니다.

화학 물질과 에너지를 얻는 데 필요한 화석 연료

탄소와 수소를 각각 석탄과 물에서만 얻을 수 있는 것은 아닙니다. 석유와 천연가스의 주된 원소 또한 탄소와 수소입니다. 즉, 이들의 주성분은 탄소와 수소가 결합한 탄화수소 화합물입니다. 석탄, 석유, 천연가스는 아주 먼 옛날 지구에 살았던 생물의 시체가 땅속에서 오랜 세월을 거쳐 화석화되어 만들어졌기 때문에 '화석 연료' 라고 부릅니다.

화석 연료는 자동차나 난방용 연료로 사용하는 것 외에도 합성 섬유와 플라스틱, 비료, 농약, 각종 유기 용매, 많은 의약품, 화학 시약 등 탄소와 수소가 주성분인 유기 화합물을 만드는 원료로 많이 쓰입니다. 화력 발전으로 전력을 생산할 때에도 화석 연료가 주요 에너지원으로 쓰입니다. 또한 많은

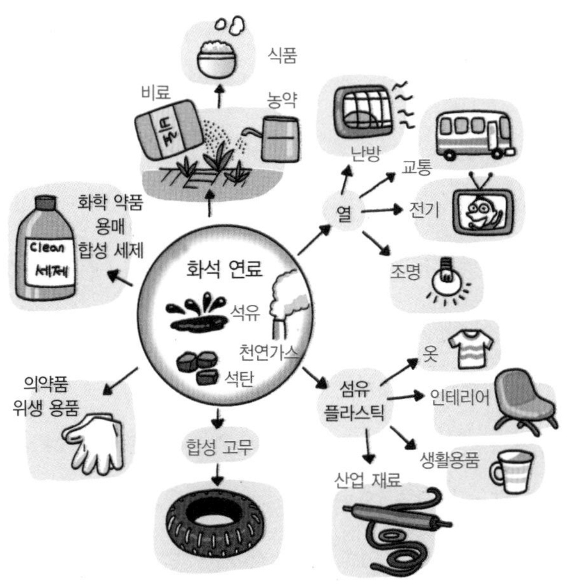

무기 화학 물질도 화석 연료를 태워 나오는 에너지를 이용해 만들기 때문에, 화석 연료는 거의 모든 물질의 직접 또는 간접 원료가 됩니다. 특히 오늘날 우리가 사용하는 대부분의 화학 물질은 석유를 원료로 하여 만든다고 보아도 무방합니다.

지구 온난화와 자원 고갈 문제

화석 연료를 태우면 이산화탄소가 생깁니다. 대기 중의 이

산화탄소는 지구의 복사열을 흡수해 지구로 되돌려 보내는 온실 효과를 나타냅니다. 그런데 화석 연료 사용의 급증으로 대기 중 이산화탄소 농도가 높아지면서 지구 온난화가 심각해지고 있습니다.

__ 선생님, 온실가스는 이산화탄소 말고도 메테인이나 프레온 등 여러 가지가 있잖아요? 그런데 왜 유독 이산화탄소만 크게 문제 삼는 건가요?

물론 온실가스의 종류는 다양하고 이산화탄소보다 온실 효과가 큰 기체도 있지만 대기 중 다른 온실가스보다 이산화탄소 농도가 상대적으로 높다 보니 양적으로 온실 효과에 기여하는 정도는 이산화탄소가 가장 크다고 할 수 있습니다.

화석 연료의 사용은 지구 온난화 문제만 일으킨 것은 아닙니다. 수억 년에 걸쳐 생성되고 보존되어 온 화석 연료가 불과 100년 남짓한 기간 동안의 지나친 사용으로 점점 고갈되고 있다는 것이 더 큰 문제입니다. 이 때문에 새로운 화석 연료의 매장지를 찾고, 채굴하는 데 비용이 점차 많이 들고 있습니다. 화석 연료 사용량을 줄이지 않는다면, 머지않아 이들 자원이 고갈될 것이라는 것이 전문가들의 전망입니다.

화석 연료가 고갈되면, 우리는 무엇으로 자동차를 움직이고 비료, 플라스틱, 합성 섬유 등 화학 물질을 만들어야 할까

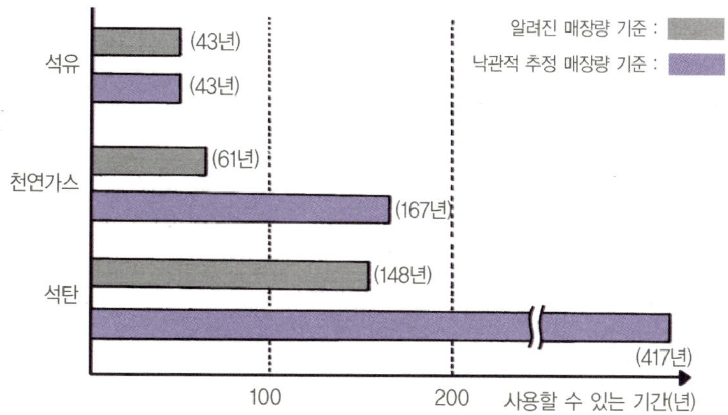

남은 화석 연료의 사용 가능 년 수(현재 사용 추세에서 계산)

요? 화석 연료의 고갈에 대비해 대체 에너지와 화학 물질 원료를 개발하는 것이 앞으로 이 땅에 살아갈 우리의 후손을 위하는 길입니다.

고갈성 원료와 재생 가능한 원료

일반적으로 무생물 자원은 계속 사용할수록 매장량이 줄어들어 언젠가는 완전히 고갈될 수밖에 없습니다. 이는 화석 연료뿐만 아니라 광물 자원도 마찬가지입니다. 고갈성 자원은 매장량이 줄어들수록 이들을 생산하는 데 비용이 많이 들

고, 생산 과정에서 환경 오염 물질이 나와 환경을 파괴합니다.

반면에 생물 자원은 번식하고 성장하기 때문에 적절하게 사용하기만 하면, 고갈되지 않고 재생됩니다. 즉, 이들은 지속 가능한 자원입니다. 지속 가능한 성장을 위해서는 지속 가능한 원료를 사용해 에너지를 얻고, 화학 물질을 제조해야 한다는 것은 너무나 당연합니다.

＿ 그렇다면 생물 자원을 사용해야겠군요. 그런데 생물 자원도 고갈성 원료로 만든 비료와 농약을 사용해 재배하니 이들도 엄격한 의미에서는 고갈성 원료가 아닌가요?

그렇게 볼 수도 있습니다. 그런데 어떤 식물은 비료와 농약을 거의 사용하지 않아도 잘 자랍니다. 가급적이면 이런 식물을 개발해서 사용해야지요. 잡초, 나무, 바다 식물 중에 그런 것들이 많이 있습니다.

＿ 무생물 원료 중에는 재생 가능한 원료가 없나요?

있습니다. 이산화탄소와 메테인을 들 수 있습니다. 이산화탄소는 일반적으로 바이오매스라 불리는 생물 자원을 비롯한 유기 물질이 타거나 분해될 때 나옵니다. 또 석유나 석탄을 태울 때에도 이산화탄소가 나오고, 여러 화학 공장의 부산물로도 나옵니다. 이를 화학 원료로 사용한다면 지구 온난화를 줄이는 효과도 가져올 수 있겠지요.

메테인은 늪에서 식물이 분해되거나 가축의 소화 과정에서 나오는 기체입니다. 이 기체도 중요한 온실가스입니다. 따라서 대기 중으로 배출되는 메테인을 모아 사용한다면 이 역시 일거양득의 효과를 얻을 수 있을 것입니다.

식물과 폐기물에서 어떻게 원료를 얻을 수 있을까?

__ 대부분의 화학 물질은 화석 연료를 원료로 하여 만든다고 하셨는데, 과연 식물 원료를 사용했을 때 석유에서 얻는 것과 같거나 더 좋은 성능의 물질을 만들 수 있나요?

네, 충분히 가능합니다. 지난 수업에서 잠깐 언급한 옥수수 전분에서 만든 폴리락트산의 예를 들겠습니다. 2002년에 개량된 이 고분자의 제조 방법에 '더욱 녹색적인 반응 조건' 부분 '녹색 화학 도전 대통령상'이 수여됐습니다.

폴리락트산은 플라스틱, 비닐, 섬유로 가공되어 여러 용도로 사용되고 있는데, 한국에서도 식품을 담는 플라스틱 용기로 이미 일부 사용되고 있습니다. 종전의 플라스틱 용기와 비교할 때 특성이 전혀 나쁘지 않다는 것을 확인할 수 있을 것입니다. 재생 가능한 원료를 사용한다는 점 외에도 이 물

질을 생산하는 데 해로운 유기 용매가 사용되지 않으며, 다른 합성 고분자에 비해 쉽게 분해되는 등 환경에 좋은 성질도 가지고 있습니다.

화석 연료가 고갈되는 것을 걱정하여 대체 에너지를 개발하는 데 많은 노력을 하고 있습니다. 우리는 볏짚, 나무 등 식물 자원을 오랫동안 연료로 사용해 왔습니다. 그러나 이들을 천연가스나 석유같이 편리하게 사용하기 위해서는 기체나 액체 연료로 만들어야 합니다.

여러분은 바이오에탄올이나 바이오디젤이라는 생물 자원에서 얻은 연료에 대해 들어 본 적이 있을 것입니다. 에탄올은 휘발유와 비슷한 연소 특성을 갖는 액체 연료입니다. 공업용 에탄올은 주로 석유를 원료로 해 얻습니다. 한편 에탄올은 감자, 옥수수 등에 들어 있는 전분이 분해되어 생기는 당을 발효시켜 얻을 수도 있습니다. 수천 년 동안 술을 만들어 온 제조법이지요.

이처럼 생물 자원을 이용해 얻은 에탄올을 바이오에탄올이라고 부르기도 합니다. 바이오디젤은 동식물성 기름으로 보아도 크게 틀리지 않습니다. 이런 바이오연료는 자동차 연료 등으로 이미 사용되고 있으며, 다른 화학 물질 생산에 필요한 원료로 사용될 수도 있습니다.

바이오디젤 제조용 자트로파(jatropha) 농장 : 디젤이 얻어지면 이를 연료뿐만 아니라 화학 물질 원료로도 사용할 수 있다.

석유에서 만들어지는 다른 화학 원료나 이들의 대체 물질도 생물 자원을 이용해 얻을 수 있습니다. 예로, 나일론의 원료가 되는 아디프산을 포도당에서 만드는 방법이 개발됐습니다. 또 바이오디젤을 생산할 때 생기는 폐기물인 글리세린으로부터 프로필렌글리콜을 낮은 온도에서 효율적으로 제조하는 방법도 개발됐습니다. 프로필렌글리콜은 자동차 부동액으로 사용되는 에틸렌글리콜을 대신해 사용할 수 있습니다. 다만 지금까지 석유에서 얻은 원료를 사용했던 것에 비해 경제성이 좋지 않아, 실제로 바이오 원료에서 만든 것을 사용하는 경우는 많지 않습니다. 그러나 앞으로 석유가 더욱 귀해

지고 가격이 오르면 경제성도 있게 될 것으로 예상합니다.

__ 옥수수나 식물성 기름에서 연료나 화학 원료를 얻는다고 하셨는데, 아직도 지구 상에는 약 10억 명의 사람이 굶주리고 있습니다. 그런데도 먹을거리를 원료로 사용하는 것이 과연 바람직한가요? 다른 방법은 없나요?

먹을거리를 연료나 화학 물질 제조의 원료로 사용하는 것에 대한 비난도 있습니다. 실제로 수년 전에 미국에서 옥수수를 원료로 해 에탄올을 얻어 자동차 연료로 사용하겠다는 정책이 발표됐을 때, 많은 항의가 있었지요. 그래서 과학자들은 버려지거나 처리 곤란한 생물 자원을 이용해 연료나 화학 물질 원료를 얻는 연구를 하고 있으며, 실제로 성과를 얻고 있습니다.

사람이 분해시킬 수 없는 섬유소(셀룰로스)를 효소나 미생물로 분해시켜 당을 얻고, 이를 발효시켜 에탄올을 얻는 것이 좋은 예가 되겠습니다. 셀룰로스는 녹색 식물의 세포벽을 구성하는 물질로, 식물 무게의 약 33%, 나무 무게의 약 50%를 차지합니다. 브라질에서는 사탕수수에서 사탕을 생산하고 남은 찌꺼기에서 에탄올을 생산해 자동차 연료로 사용하고 있습니다.

나무, 여러 식물 찌꺼기, 펄프나 제지 산업의 폐기물인 리

그닌, 식품 산업의 폐기물, 음식물 쓰레기 등을 이용해 연료나 화학 물질 제조의 원료를 얻는 방법도 많이 연구되고 있습니다. 수산물 가공에서 나오는 폐기물인 새우 껍질이나 게 껍질을 처리하여 키토산을 얻은 것이 좋은 예입니다. 키토산은 여러 의료 용품, 물 처리제, 기타 여러 산업 원료로 사용되고 있습니다. 지속 가능한 성장을 위해서는 이처럼 식물 자원과 생물 산업의 폐기물로부터 유용한 화학 물질을 얻는 방법을 찾아야 할 것입니다.

재생 가능한 원료, 이산화탄소

__ 주요 온실가스인 이산화탄소의 배출을 줄여야 한다면서, 이산화탄소가 어떻게 재생 가능한 원료가 될 수 있나요?

이산화탄소의 상당 부분은 바이오매스, 화석 연료, 유기 화합물 등이 타거나 분해될 때 나온다는 것을 앞서 설명했습니다. 그러면 바이오매스나 화석 연료는 어떻게 얻어질까요? 이는 식물의 광합성 과정을 통해 이산화탄소와 물로부터 만들어집니다. 화석 연료는 먼 옛날에 살았던 생물체의 산물이기 때문에, 긴 시간으로 보면 이들도 재생 가능한 원료로 볼

수 있습니다. 즉, 이산화탄소-식물-이산화탄소-……의 순환은 활용 가능한 이산화탄소의 재생 과정의 하나입니다.

이산화탄소를 재생 가능한 원료로 사용하는 한 가지 방법은 이산화탄소를 원료로 하는 효율적인 광합성 식물을 재배하고, 여기서 얻은 바이오매스를 연료와 화학 물질을 얻는 데 사용하는 것입니다. 이와 관련해 해조류가 많은 관심을 끌고 있습니다. 삼면이 바다인 한국에서 석유를 대체하는 연료와 화학 물질을 대량으로 얻을 수 있는 길이 열리기를 바랍니다.

이산화탄소에서 얻는 녹색 메탄올과 탄화수소

이산화탄소를 재생 가능한 원료로 사용하는 또 다른 방법은 이산화탄소에서 산소를 떼어 내고 수소를 붙여 연료나 화학 물질의 원료를 생산하는 것입니다. 이 중 한 가지가 메탄올 생산입니다. 이것의 화학 반응식은 다음과 같습니다.

$$CO_2(\text{이산화탄소}) + 3H_2(\text{수소}) \longrightarrow CH_3OH(\text{메탄올}) + H_2O(\text{물})$$

이 반응에 필요한 에너지는 태양 에너지를 직접 이용할 수 있습니다. 따라서 석유를 원료로 사용한 메탄올 생산과는 달리, 이 방법은 재생 가능한 물질과 에너지를 사용한다는 점에서 녹색 메탄올 합성이라고 부릅니다.

또 다른 한 가지 방법은 탄화수소를 만드는 것입니다. 이산화탄소를 아주 높은 온도에서 일산화탄소와 산소로 분해시키고, 이때 얻은 일산화탄소를 수소와 반응시키면 탄화수소가 얻어집니다. 즉, 이산화탄소에서 석유와 같은 물질을 얻는 것이지요.

$$2CO_2(\text{이산화탄소}) \longrightarrow 2CO(\text{일산화탄소}) + O_2(\text{산소})$$
$$nCO(\text{일산화탄소}) + (2n+1)H_2(\text{수소})$$
$$\longrightarrow C_nH_{(2n+2)}(\text{탄화수소}) + nH_2O(\text{물})$$

__ 결국 이산화탄소에서 연료나 화학 물질의 원료를 얻는 것은 이산화탄소 또는 일산화탄소를 수소와 반응시키는 것이군요. 수소를 얻는 데 많은 에너지가 소모되지 않나요?

그렇습니다. 수소는 물을 전기 분해하여 얻는데, 이때 많은 전기가 필요합니다. 그러나 전기를 풍력, 바이오매스, 태양

열 등으로 생산한다면 재생 가능한 에너지를 이용하는 것이 되겠지요? 이렇게 얻은 메탄올과 탄화수소는 자동차 연료나 다른 화학 물질을 만드는 데 사용될 수 있습니다.

＿ 과연 경제성이나 현실성이 있을까요?

솔직히 말하면, 에너지 문제가 해결되기 전에는 경제성이 없다고 볼 수 있습니다. 이 방법으로 생산된 메탄올이나 탄화수소를 연료로 해서 얻는 에너지가 물을 전기 분해해서 수소를 얻는 데 소모되는 에너지보다 월등히 작기 때문입니다. 또 수소를 얻는 데 대체 에너지를 사용한다고 해도 이는 우리가 다른 용도로 사용할 에너지를 여기에 사용하는 것으로 생각해야 합니다. 그러나 에너지 공급은 충분하나 화학 물질의 원료가 귀할 때는 이렇게 해서라도 원료 물질을 확보해야 할 것입니다.

이산화탄소를 유용하게 사용하는 또 다른 예는 단열재나 포장재로 사용되는 스타이로폼을 제조할 때 부풀리는 기체로 사용하는 것입니다. 초기에는 오존층을 파괴하고 온실 효과를 내는 염화플루오린화탄소 화합물을 쓰다가 나중에는 화재와 폭발 위험성이 있는 탄화수소 기체를 사용했는데, 이를 이산화탄소로 바꾼 것입니다. 이 방법은 1996년에 '더욱 녹색적인 반응 조건' 부분 '녹색 화학 도전 대통령상'을 받았습니다.

　이 외에도 초임계 이산화탄소는 용매로도 사용되는데, 이에 대해서는 다음 수업에서 이야기하지요.

에너지는 어디에서 얻어야 할까요?

　__ 이산화탄소를 원료로 사용하기 위해서는 충분한 에너지 공급이 필요하다고 하셨는데, 충분한 에너지 공급은 어떻게 가능해질까요?

　2006년 자료에 의하면 우리가 쓰는 에너지의 약 55%는 천연가스와 석유, 26%는 석탄에서 얻고 있음을 알 수 있습니다. 원자력은 6.2%를 차지했습니다. 한국의 전력 생산의 약 절반은 원자력이 담당합니다. 원론적으로 원자력은 무궁무진한 에너지 자원이라는 것이지요. 핵연료를 사용하고 남은 찌꺼기를 재처리하면 더 많은 에너지를 내는 핵연료를 얻을 수 있습니다. 그러나 원자력은 방사능 유출을 비롯한 사고의 위험이나 핵무기 생산과도 연결될 수 있는 등의 단점을 가지고 있습니다.

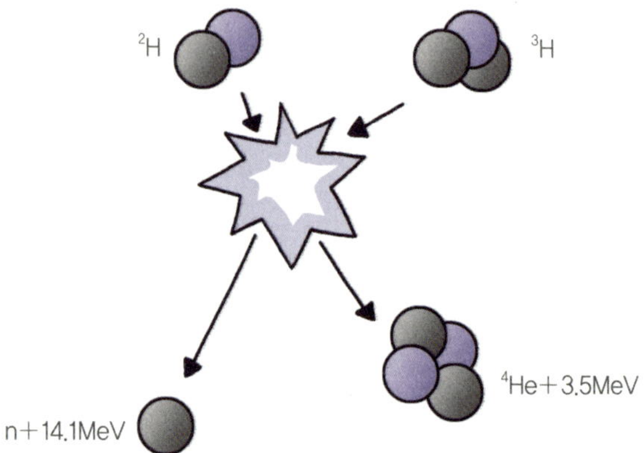

핵융합 모형 : 중수소(^2H)핵과 삼중수소(^3H)핵이 융합하면 헬륨(^4He)이 되고, 중성자(n)와 엄청난 에너지가 나온다.

보다 안전하면서도 무궁무진한 에너지 공급원은 핵융합입니다. 이는 태양 에너지 원천과 같은 것입니다. 아직도 여러 기술적 문제가 해결되지 않아 실용화되지 못했습니다. 그러나 앞으로 수십 년 안에는 실용화될 것으로 기대하고 있습니다. 그런 날이 오면, 인류는 더 이상 에너지 걱정은 하지 않고, 온실 효과로 걱정을 끼치는 이산화탄소를 사용하여 필요한 물질들을 만들 수 있고, 남아 있는 화석 연료도 먼 후대까지 물려줄 수 있게 될 것입니다.

그러나 이것이 실현되기까지는 다른 재생 가능한 에너지를 개발하고, 화석 에너지 사용의 효율을 높이고, 원자력 발전의 안정성을 확보하는 것이 필요합니다.

원자력 발전과 핵융합

원자핵 반응을 통해 에너지를 얻는 방법은 두 가지가 있다. 하나는 핵분열을 이용하는 것인데, 우라늄 동위 원소 ^{235}U를 연료로 사용한다. 천연 우라늄에는 ^{235}U이 0.7%만 존재하고 나머지는 핵분열이 되지 않는 ^{238}U이다. 핵폭탄이나 원자력 발전에 사용하기 위해서는 ^{235}U를 3% 이상 농축시키는 것이 필요하다. 원자력 발전 과정에서 ^{238}U은 플루토늄 동위 원소 ^{239}Pu로 변환되는데, 이 동위 원소는 ^{235}U와 마찬가지로 핵폭탄이나 원자력 발전의 연료로 사용될 수 있다. 즉, 원자력 발전의 폐기물을 재처리하여 ^{239}Pu을 얻을 수 있다.

다른 한 가지 방법은 핵융합이다. 중수소(^{2}H)와 삼중수소(^{3}H)의 핵이 융합하면 헬륨(^{4}He) 원자핵이 되면서 중성자와 엄청난 양의 에너지를 내놓는다. 이와 같은 핵융합 반응이 태양 에너지의 원천이고, 이를 이용한 것이 수소 폭탄이다. 그러나 이와 같은 핵융합 반응이 일어나기 위해서는 아주 높은 온도를 유지하는 것이 필요하다.

재생 가능한 에너지 개발과 에너지의 효율적 이용

고갈되는 화석 에너지를 대체하는 새로운 재생 가능한 에너지의 개발에 많은 노력을 기울이고 있습니다. 이는 화석 연료를 아낀다는 점 외에도 온실가스의 주범인 이산화탄소의 배출을 줄이는 효과를 가져오게 됩니다.

사막이나 황무지에 설치된 태양 에너지를 전기 에너지로 바꾸는 패널

__ 어떤 것이 재생 가능한 대체 에너지인가요?

이미 앞서 부분적으로는 설명했는데, 바이오연료, 풍력, 수력, 태양 에너지, 지열 에너지 등입니다. 원자력도 어떤 의미에서는 이에 포함시킬 수 있습니다. 이 중에서 태양 에너지와 원자력이 가장 중요시되고 있습니다.

태양 에너지를 전기 에너지로 바꾸는 태양 전지는 오래전부터 시계나 소형 계산기 등에 사용돼 왔습니다. 그러나 효율이 높지 않아 태양 에너지 전환 효율을 높이는 화학적 시스템을 고안하고 개발하는 연구가 활발히 진행되고 있습니다. 멀지 않은 장래에 석유 에너지와 비슷하거나 더 싼 가격으로 에너지를 공급하게 될 것으로 기대하고 있습니다.

원자력은 발전소 건설에 많은 비용과 시간이 들고, 또 폐기물에 의한 방사능 오염과 사고의 위험성이 있기는 하지만 비교적 값싸게 에너지를 얻는 방법입니다. 1986년의 체르노빌 원자력 발전소 대참사 그리고 최근 일본의 후쿠시마 원자력 발전소 사고 때문에 원자력 발전에 대한 우려와 반대가 많습니다. 그러나 나는 에너지 공급에서 원자력이 차지하는 비중은 어쩔 수 없이 계속 높아질 것으로 보고 있습니다.

＿화석 연료 이용 효율을 높이는 방법은 무엇인가요?

현재 많이 사용되는 화석 에너지의 이용 방법은 산소와 반응하면서 화석 연료가 탈 때 나오는 에너지(열)를 이용하는 것입니다. 이 에너지로 자동차를 움직이고, 화력 발전을 하게 됩니다. 그러나 열을 전기 에너지나 운동 에너지로 바꾸는 효율은 열역학 법칙에 의해 한계가 있으며, 대략 50% 미만입니다. 즉, 화석 연료 에너지의 많은 양이 이용되지 않고 버려지는 것입니다. 자동차 엔진과 배기가스에서 나오는 열을 생각하면 이해될 것입니다.

이런 에너지 효율의 한계를 극복하는 것이 연료와 산소의 반응을 전기 화학적으로 일어나게 하여 열에너지를 거치지 않고 전기 에너지를 직접 얻는 것입니다. 그렇게 하면 거의 100%의 에너지 전환 효율을 가져올 수 있고, 환경 오염을

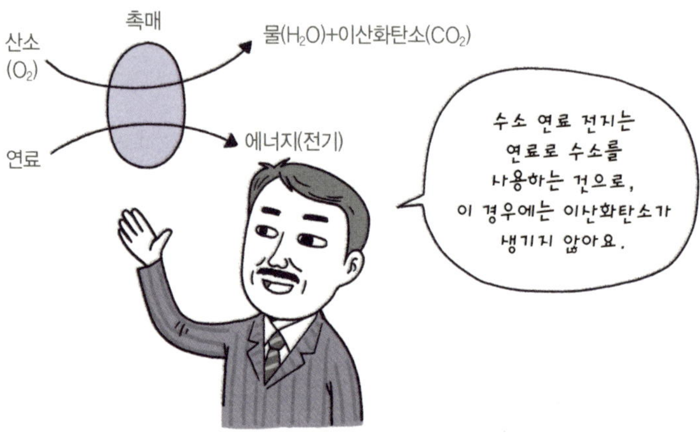

연료 전지의 개념

일으키는 배기가스도 대기 중으로 배출되지 않아 환경 오염 도 줄일 수 있습니다. 아주 녹색적인 에너지 이용이 되지요.

__ 최근에 수소 에너지를 많이 이야기하던데……, 어떤 것 인가요?

수소를 연료로 사용해 에너지를 얻는 것입니다. 그런데 수 소는 자연 상태에서 수소 분자 자체로 존재하는 것은 아주 적 고, 대부분은 물이나 석유에서처럼 수소 화합물 형태로 존재 합니다. 이런 수소 화합물에서 수소 분자를 얻으려면 많은 에 너지가 듭니다. 수소 분자에서 얻을 수 있는 이용 가능한 에 너지가 수소 분자를 만들 때 들어가는 에너지보다 적습니다. 따라서 전체 에너지 면에서는 수소 에너지를 사용하는 것은 마이너스($-$)입니다. 이런 점에서 수소는 에너지원이기보다 에너지 운반체로 보아야 할 것입니다.

＿그런데 왜 수소 에너지를 이용하려고 하나요?

크게 두 가지 이유가 있습니다. 첫째는 사람이 적게 사는 곳에서 수소를 생산하여 도시에서 자동차 등에 사용한다면, 쾌적한 도시 환경을 유지할 수 있다는 것입니다. 둘째는 전력 생산과 전기의 효율적 이용과 관련됩니다.

화력 발전이나 원자력 발전은 24시간 거의 같은 양의 전기를 생산합니다. 그런데 전기 수요는 시간에 따라 크게 달라집니다. 밤이나 새벽에는 발전소에서 생산되는 전력이 수요보다 많습니다. 이때 남은 전기로 물을 전기 분해시켜 수소를 만들고, 이를 연료 전지를 통해 다시 전기를 생산하여 자동차나 기계를 움직이는 데 사용하려는 것입니다. 이런 점에서 수소 에너지를 재생 가능한 에너지로 여기기도 합니다.

선생님, 하천이 비교적 깨끗해졌어요.
그래요. 요즘은 미생물에 의해 잘 분해될 수 있도록 화학 구조를 변형한 합성 세제가 개발되어 사용되고 있지요.

이런 합성 세제와 합성 섬유, 플라스틱, 비료, 농약, 의약품 등 많은 화학 물질의 원료는 바로 화석 연료이지요.
석유나 천연가스 말씀이시지요?
석탄
석유 천연가스
비료
합성 섬유, 플라스틱, 비료 등

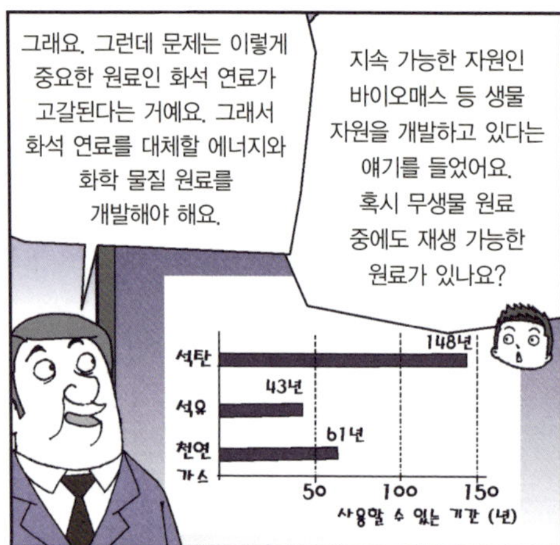
그래요. 그런데 문제는 이렇게 중요한 원료인 화석 연료가 고갈된다는 거예요. 그래서 화석 연료를 대체할 에너지와 화학 물질 원료를 개발해야 해요.
지속 가능한 자원인 바이오매스 등 생물 자원을 개발하고 있다는 얘기를 들었어요. 혹시 무생물 원료 중에도 재생 가능한 원료가 있나요?
석탄 148년
석유 43년
천연가스 61년
50 100 150
사용할 수 있는 기간 (년)

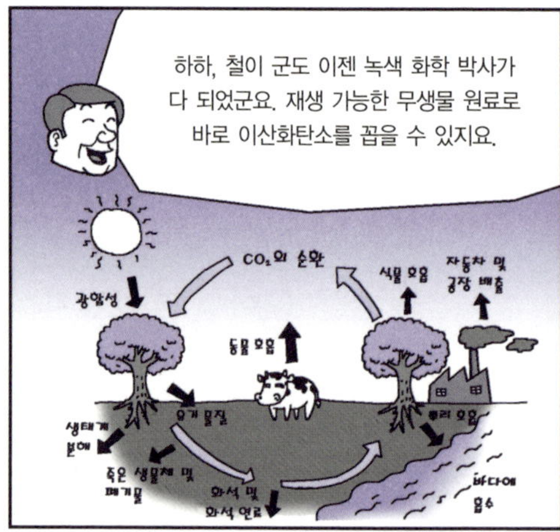
하하, 철이 군도 이젠 녹색 화학 박사가 다 되었군요. 재생 가능한 무생물 원료로 바로 이산화탄소를 꼽을 수 있지요.
CO₂의 순환
광합성
식물 호흡
자동차 및 공장 배출
동물 호흡
생태계 분해
유기 물질
뿌리 호흡
죽은 생물체 및 폐기물
화석 및 화석 연료
바다에 흡수

특히 이산화탄소는 주요 온실가스인 만큼 이들을 화학 원료로 사용한다면 지구 온난화를 막는 데에도 큰 효과를 볼 수 있어요.
그런데 과연 이런 재생 가능한 원료를 사용하는 것이 화석 연료를 사용하여 만든 것과 같은 정도의 성능을 가진 화학 물질을 만들 수 있을까요?

충분히 가능해요. 옥수수에서 만든 폴리락트산은 여러 용도로 사용될 수 있는데, 석유 화학제품과 비교할 때 특성이 전혀 나쁘지 않아요. 또 이산화탄소에서 메탄올과 디젤도 만들 수 있어요.
아~, 그렇군요.
이 자동차는 바이오연료를 사용해요.
이 물컵은 옥수수로 만들었어요.
CO₂ (이산화탄소) + 3H₂ (수소) → CH₃OH(메탄올) + H₂O(물)

화학 물질의 **녹색적 제조 방법**

화학 물질을 어떻게 제조하는 것이 녹색적일까요?
해로운 용매를 쓰지 않고, 에너지 효율은 높으며, 사고가 나지 않도록 하는 것입니다.

6

화학 물질의
녹색적 제조 방법

아나스타스가 학생들에게 질문을
던지며 여섯 번째 수업을 시작했다.

인류에게 필요한 물질을 제공하면서 환경 오염을 줄이기
위해서는 원료 물질과 화학제품이 해롭지 않아야 하고, 원료
를 가지고 화학제품을 생산하는 과정에서 되도록 폐기물이
나오지 않아야 한다고 이야기했습니다. 화학 물질을 제조하
기 위해 원료, 시약, 반응 장치 이외에 어떤 것이 더 필요할
까요?

__ 에너지가 필요합니다. 그리고 용매도 필요할 것입니다.

그렇지요. 보통은 원료인 반응 물질을 적당한 용매에 녹이
고, 이를 높은 온도로 가열해야 화학 반응이 일어나서 원하

는 물질이 만들어집니다. 이 외에도 여러 다른 물질도 필요합니다. 생성물을 분리하여 회수하기 위해 사용되는 분리제가 좋은 예가 되겠습니다. 이와 같이 화학 물질 제조에는 여러 가지 부수 물질과 에너지가 꼭 필요하지만 보통 화학 반응식에는 나타내지 않습니다. 그러나 이들도 화학 물질 제조 과정에서 생기는 환경 오염의 중요한 요소입니다.

이번 수업에서는 부수 물질과 에너지 사용으로 발생하는 환경 오염을 어떻게 하면 줄일 수 있는지에 대해 이야기하겠습니다.

유기 용매를 대체하는 녹색 용매

고체나 액체 반응 물질들을 반응시키려면, 우선 이들을 적당한 용매에 녹여야 합니다. 그래야만 반응하는 분자들이 만나 반응을 할 수 있습니다. 용매는 화학 반응뿐만 아니라, 물질을 녹여 가공하거나 추출하는 등 아주 다양한 용도로 사용됩니다. 페인트를 갓 칠한 건물에서 나는 냄새도 대부분 이에 사용한 용매 증기가 원인입니다.

의약품, 농약, 고무, 합성 섬유 및 플라스틱 등을 생산하는 거의 대부분의 화학 공업은 유기 화학 물질을 다룹니다. 대부분의 유기 화학 물질은 물에는 잘 녹지 않고 유기 용매에 녹습니다. 유기 용매는 잘 증발되고, 불에 타기 쉬우며, 암을 유발하는 등 사람의 건강에 해롭습니다. 따라서 이런 유기 용매를 녹색(친환경) 용매로 바꾸는 것이 필요합니다. 이 점은 학교 실험실의 유기 화학 실험에서도 마찬가지입니다.

초임계 유체와 이온성 액체

유기 용매를 대체하는 녹색 용매로 많은 관심을 끌고 있는 것이 초임계 유체와 이온성 액체입니다.

＿초임계 유체란 무엇인가요? 어떻게 사용되나요?

초임계 유체는 임계점 이상의 온도와 압력에 놓인 물질 상태를 말합니다. 임계점이란 액체와 기체의 두 상태를 서로 분간할 수 없게 되는 온도와 이때의 증기압입니다. 즉, 액체와 기체가 평형을 이루는 가장 높은 온도와 압력입니다. 물의 임계 온도와 압력은 374℃와 218기압이고, 이산화탄소의 임계 온도와 압력은 31.1℃와 72.9기압입니다. 72.9기압은 대기압보다는 월등히 높지만, 현대 기술로는 비교적 쉽게 얻

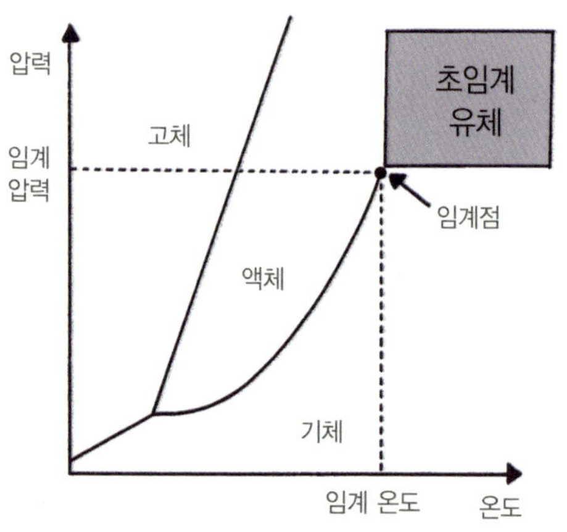

초임계 영역을 보여 주는 압력-온도 상 그림

을 수 있는 압력입니다.

이산화탄소는 불에 타지 않으며, 재생 가능하고, 값싸게 얻을 수 있는 물질입니다. 그리고 실온 부근, 크게 높지 않은 압력에서 초임계 유체가 되기 때문에 초임계 유체로 가장 많이 사용되고 있습니다. 초임계 이산화탄소는 유기 용매와 비슷하게 유기 화합물을 잘 녹입니다. 따라서 여러 분야에서 유기 용매를 대체하여 사용되고 있습니다. 커피에서 카페인을 추출하는 데 사용하고 있으며, 드라이클리닝에서 해로운 용매인 퍼클로로에틸렌(perchloroethylene)을 대체해 사용할 수도 있습니다. 또한 컴퓨터 칩 제조에도 초임계 이산화탄소를 사용하는 방법이 개발됐습니다. 칩 제조에는 칩 무게의 약 630배에 달하는 무게의 화학 시약과 화석 연료가 소모되고, 물도 많이 필요한데, 초임계 이산화탄소를 사용하여 이들을 크게 줄일 수 있게 됐습니다.

최근에 유기 화학자들은 여러 유기 화학 반응에서 초임계 이산화탄소가 유기 용매를 대체하는 녹색 용매로 사용될 수 있으며, 이때 화학 반응의 특성이 좋아진다는 것을 발견했습니다. 다른 초임계 유체(예로 초임계 물)의 경우에도, 이를 용매로 사용하면 화학 반응의 특성이 좋아진다는 보고가 여럿 있습니다.

초임계 유체를 용매로 사용할 때 높은 압력이 필요한데, 반응 후 압력을 낮추면 기체가 되기 때문에 가열하여 용매를 날려 보내는 과정이 필요하지 않은 것도 좋은 점입니다.

__ 이온성 액체는 무엇입니까? 어디에 이용되나요?

액체 상태의 염입니다. 염은 양이온과 음이온으로 되어 있는 물질을 말합니다. 보통 녹는 온도가 100℃ 이하인 염을 이온성 액체 물질이라 부릅니다. 이들은 주로 유기 물질의 이온으로 되어 있어 유기 화합물도 잘 녹입니다. 이 액체는 거의 증발하지 않고 불이 붙지 않는 안전한 용매입니다. 화학 반응의 용매나 페인트 분산제 등으로 사용될 수 있습니다. 특히 다른 용매에는 잘 녹지 않는 셀룰로스를 녹여 이를

소금(NaCl)과 이온성 액체 [bmim]NTf₂ (온도는 27℃) :
이온성 액체는 친환경 용매로 여러 좋은 성질이 있다.

가공하는 것을 쉽게 하기도 합니다.

＿ 페인트 분산제로 사용한다면 페인트를 칠한 후에 나는 나쁜 냄새가 없겠군요?

그렇습니다. 냄새가 없을 뿐 아니라, 유해한 증기가 나오지 않아 사람의 건강을 지키고 환경 오염도 방지합니다. 화학 반응 용매로 사용할 때도 마찬가지입니다. 더욱이 이온성 액체의 종류와 화학 반응의 짝을 잘 맞추면, 다른 용매에서 반응시키는 것보다 반응 속도나 반응의 선택성을 좋게 하고, 생성물도 쉽게 분리할 수 있습니다.

앞서 말한 초임계 유체나 이온성 액체를 용매로 사용하는 것보다 더욱 친환경적이고 녹색적인 것은 아예 용매를 사용하지 않는 것입니다.

화학자들은 용매를 사용하지 않은 상태에서 화학 반응을 일으키고 생성된 물질을 분리하는 새로운 화학 물질 제조 방법을 고안하고 개발하기 위해 노력하고 있습니다. 액체 반응 혼합물, 가루 상태의 반응 물질 혼합물 또는 고체 가루와 액체를 섞은 반응 물질 혼합물을 그대로 반응시키는 것입니다. 이때 마이크로파나 초음파 또는 빛을 쪼여 반응시키거나, 기계적으로 혼합시키면서 반응시킵니다. 이런 방법은 용매를 사용하는 반응에 비해 용매 비용이 들지 않고, 반응 속도가 빠른 장점도 가지고 있습니다.

__ 왜 물을 용매로 사용하지는 않나요?

물은 무공해 액체로, 이를 용매로 사용하면 여러 좋은 점이 있습니다. 그러나 앞에서 말했듯이, 화학 공업에서 쓰이는 반응이 대부분 유기 화학 반응이고, 이들의 반응 물질이 물에 녹지 않습니다.

하지만 무기 화학 반응이나 물에 녹는 반응물을 사용하는 경우는 물을 사용하기도 합니다. 물을 용매로 사용하는 경우는 수질 오염의 위험이 있고, 물은 유기 용매에 비해 잘 증발되지 않아 생성물을 분리하는 데 에너지가 많이 드는 단점이 있습니다.

실온 부근에서 반응이 일어나게 하라!

미국의 경우 총 에너지 소비량의 약 6%를 차지하는 부분은 화학 산업입니다. 여기서 말하는 에너지 소비는 에너지로 직접 사용되는 것과 에너지로 바뀔 수 있는 물질을 소비하는 것을 모두 석유로 환산한 것입니다. 이 중 약 절반은 화학제품의 원료 물질로 사용되고, 나머지 반은 원료 물질에서 유용한 화학 물질을 제조하고 이를 정제하는 데 사용됩니다. 아마도 화학 산업의 비중이 보다 큰 한국에서의 소비율은 이보다 클 것입니다.

이러한 막대한 에너지 소비는 화석 연료의 고갈을 빠르게 하고, 이산화탄소를 배출시켜 지구 온난화를 촉진하는 요인이 되기도 합니다. 사용한 비닐이나 플라스틱 등을 재활용하여 원료로 사용되는 에너지도 줄여야겠지만, 더욱 크게 신경을 써야 할 부분은 유용한 화학 물질의 제조와 분리 과정에 들어가는 에너지입니다. 이들 에너지는 결국 폐열로 방출됩니다. 폐기되는 에너지를 줄이는 화학 제조 공정의 개발도 녹색 화학의 몫입니다.

많은 유기 화학 반응은 원료 물질과 반응 시약이 든 용액을 가열하면서 환류시키는 방법으로 수행됩니다. 환류는 끓어 나오는 용매를 냉각시켜 다시 반응 용기로 되돌리는 것입니다. 이때 반응은 용액의 끓는점에서 진행됩니다. 용액을 가열하는 데 많은 에너지가 들고, 냉각수도 필요합니다.

＿왜 실온에서 반응시키지 않나요?

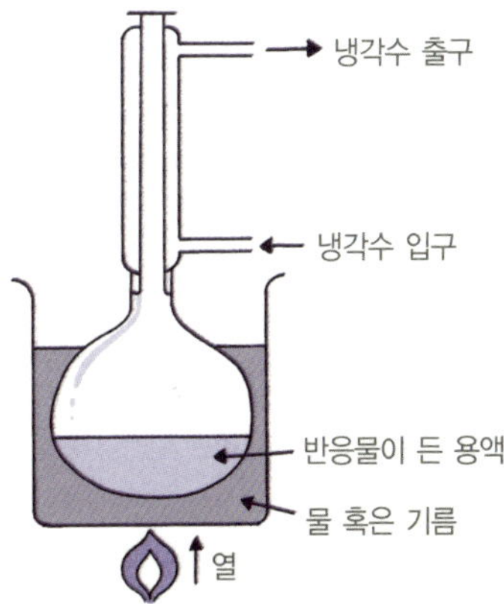

화학 반응에 필요한 에너지를 넣고, 반응을 일정 온도에서 일어나게 하는 실험용 환류 장치

실온에서는 반응 속도가 너무 느리기 때문입니다. 일반적으로 화학 반응 속도는 실온 부근에서 반응 온도가 10℃ 올라가면 대략 2배 정도 빨라집니다. 만약 실온에서도 반응이

과학자의 비밀노트

반응 속도와 온도

화학 반응의 속도는 반응물의 농도와 온도의 함수이다. 예로 반응물 A와 B가 반응해서 생성물이 얻어지는 경우를 살펴보자.

$$aA + bB \rightarrow 생성물$$

위 반응의 경우, 반응 속도는 보통 다음과 같이 표현된다.

$$반응 속도 = k[A]^{\alpha}[B]^{\beta}$$

여기서 k를 반응 속도 상수, α와 β를 각각 A와 B에 대한 반응 차수라고 한다. 만약에 반응이 한 단계로 진행된다면 a=α 그리고 b=β가 되지만, 일반적으로 반응 차수(α와 β)는 반응식의 계수(a와 b)와 직접 관련이 없다.

아레니우스(Svante Arrhenius, 1859~1927)는 반응 속도 상수 k의 로그(log) 값을 절대 온도(T)의 역수에 대해 그래프를 그리면 직선 관계가 성립한다는 것을 발견하고는 다음의 식을 제안했다.

$$k = Ae^{-Ea/RT}$$

이 식에서 A를 지수 앞자리 인자, E_a를 반응의 활성화 에너지라 한다. R은 기체 상수이다. 대부분의 경우, E_a는 양의 값이기 때문에 온도가 올라가면 k가 커지고 따라서 반응 속도가 빨라진다. 얼마나 빨라질 것인가는 E_a 값의 크기가 결정한다. 촉매는 E_a 값이 작은 새로운 반응 경로를 만들어, 반응 속도를 빠르게 한다.

충분히 빠르게 진행된다면, 많은 에너지를 절약할 수 있을 것입니다. 이를 위해서는 반응 속도를 빠르게 하는 촉매를 사용하거나, 원료 물질과 시약을 반응 속도가 빠른 것으로 바꾸어야 합니다.

반면에 어떤 반응은 실온에서도 너무 빨리 진행되는 경우가 있습니다. 이 반응이 발열 반응인 경우, 반응이 진행되면서 온도가 올라가 폭발할 위험성이 있습니다. 이 경우에는 반응 용액을 냉각시키고, 식히면서 반응을 진행시켜야 합니다. 이때에도 많은 에너지가 필요합니다.

따라서 원하는 반응을 실온 부근에서 적당한 속도로 일어나도록 반응 자체를 개선하는 것이 에너지를 절약하고, 에너지 소비에 따른 환경 오염을 막는 길입니다.

생성물 분리에 들어가는 에너지와 물질을 줄여라!

반응에서 생긴 생성물을 분리하고 정제하는 데에도 많은 에너지가 필요합니다. 흔히 사용되는 분리 · 정제 방법은 증류와 크로마토그래피입니다. 이 외에도 재결정, 특정 물질만 통과시키는 막을 사용하는 거름 등이 있습니다. 이들 모두에

는 부수적인 물질과 에너지가 필요합니다.

따라서 가급적 분리나 정제가 필요 없는 화합물 제조 방법을 고안한다면, 많은 에너지와 물질을 절약할 수 있을 것입니다. 이것이 어렵다면 분리·정제 방법을 물질과 에너지 소비가 보다 적은 방법으로 바꾸는 것이 필요합니다.

생성물을 사용한 용매에서 잘 녹지 않은 형태로 바꾸어 침전으로 분리하는 것도 한 가지 방법입니다. 예로, 유기 아민 화합물은 산에 의해 양이온이 되고, 카복실산은 알칼리에 의

관 크로마토그래피로 물질을 분리할 때 많은 용매가 사용되고, 용매를
날리기 위해 많은 에너지도 든다.

크로마토그래피

양 끝이 열린 관에 채워진 고정상(고체 또는 액체를 입힌 고체)과 이 관
을 통해 흐르는 이동상(기체 또는 액체) 사이에 물질이 분배되는 성질의
차이를 이용하여 혼합물을 분리하는 방법이다. 이동상이 흘러들어 가는
쪽의 고정상에 분리하고자 하는 혼합물을 입힌 다음 이동상을 흘려보내
면, 고정상에 덜 분배되는 물질이 잘 분배되는 물질보다 빨리 빠져나
온다. 이동상과 고정상의 특성에 따라 여러 종류의 크로마토그래
피가 있다.

해 음이온이 됩니다. 이들 이온들의 반대 이온을 잘 선택하면
유기 용매에서 잘 녹지 않는 염으로 침전시킬 수 있습니다.

화학 공장 사고 예방법을 고안할 필요성

화학 물질을 취급하거나 제조하는 공장에서는 가끔 끔찍한
사고가 일어납니다. 한 예가 두 번째 수업에서 소개한 1984
년 인도 보팔의 한 농약 공장에서 일어난 사고입니다. 이런
사고 때문에 어떤 지방 자치 단체는 화학 공장의 설립을 아예
허가해 주지 않는다고 합니다. 모든 자치 단체가 화학 공장

설립을 허가하지 않으면, 우리에게 필요한 화학 물질을 어떻게 얻을 수 있을까요? 화학 공장의 사고를 막는 방법을 고안하여 화학 물질을 계속 공급하게 하는 것이 화학자들이 해야 할 일입니다.

　화학 공장의 사고를 막는 근원적인 방법은 독성, 폭발성, 인화성이 있는 물질들을 아예 사용하지 않고 또 반응 도중에 생기지 않도록 화학제품과 이의 제조 공정을 개발하는 것입니다. 그러나 사고 가능성을 줄이는 것은 가능하겠지만 원천적으로 사고가 일어나지 않도록 하는 것은 아마도 불가능할 것입니다.

그렇다면 어떻게 해야 할까요? 화학 공정을 실시간으로 감시하고, 유해 물질의 유출을 실시간으로 분석하며, 사고로 이어질 수 있는 사건이 발생하면 즉각적으로 공정을 조정하는 것이 필요할 것입니다. 이를 위해서는 신속하고 정확하게 화학 물질을 분석하는 방법과 공정의 모니터 기술 및 자동 제어 기술의 개발이 필요합니다. 이러한 기술의 개발은 사고 예방뿐 아니라 공정의 최적화를 통한 다른 여러 좋은 점을 가져다주게 될 것입니다.

화학 물질을 제조할 때는 주요 반응 물질 외에 용매 같은 다른 화학 물질도 사용돼요.
자세히 알려주세요.

우선 반응 물질들을 적당한 용매에 녹여 반응하는 분자들이 서로 만나게 해야 해요. 용매는 화학 반응뿐 아니라 물질을 녹여 가공하거나 추출하는 등 아주 다양한 용도로 사용되지요.
그렇군요.
용매는 우리와 오작교야. 우린 용매가 있어야 만날 수 있지.
용매

페인트처럼 의약품, 합성 섬유 등 유기 화학 물질의 원료와 제품은 대부분 물에 녹지 않고 유기 용매에 녹아요.
유기 용매요?
물 용매
유기 용매
나프탈렌
지방
벤젠
폴리에스테르

유기 용매는 휘발성이 강하고, 불이 잘 붙지요. 지금 페인트를 칠할 때 나는 냄새도 유기 용매의 증기 때문이지요.
큭, 굉장히 자극적인 냄새가 나네요.
야호! 공기 중으로 날아가자!
우리는 잘 증발하고, 불에 타기 쉬운 성질을 가져요.
내가 더 빨리 나갈 거야.

또 유기 용매는 암을 유발하는 등 사람의 건강에 해롭고, 환경을 오염시키기도 해요. 그래서 유기 용매를 녹색(친환경) 용매로 바꾸는 것이 필요하지요.
녹색 용매로 쓰이는 물질에는 어떤 것이 있나요?
녹색 화학의 다섯 번째 원칙
가능하면 용매 같은 보조 물질은 사용하지 않아야 하며, 사용하는 경우에는 무해한 것이어야 한다.

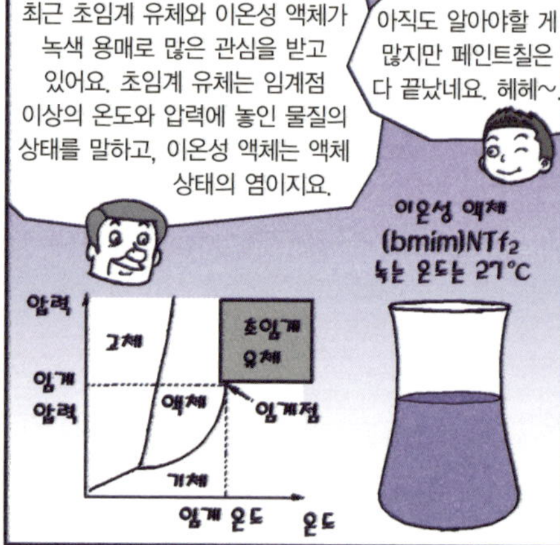
최근 초임계 유체와 이온성 액체가 녹색 용매로 많은 관심을 받고 있어요. 초임계 유체는 임계점 이상의 온도와 압력에 놓인 물질의 상태를 말하고, 이온성 액체는 액체 상태의 염이지요.
아직도 알아야할 게 많지만 페인트칠은 다 끝났네요. 헤헤~.
이온성 액체 (bmim)NTf₂ 녹는 온도는 27℃
압력
고체
초임계 유체
임계 압력
액체
임계점
기체
임계 온도
온도

7

녹색 화학의 발전 방향

녹색 화학은 어디로 발전해야 할까요?
생명계의 화학을 배우고, 모방하며, 응용하는 것이 중요하게 될 것입니다.

녹색 화학의
발전 방향

아나스타스가 아쉬워하는 표정을
지으며 마지막 수업을 시작했다.

지난 수업에서 지속 가능한 성장을 위해서는 화학 물질의
원료가 재생 가능한 것이어야 하고, 화학 반응은 가급적 유
기 용매를 사용하지 않고 실온 부근에서 일어나게 하는 것이
바람직하다고 이야기했습니다. 이번 수업은 새롭게 개발됐
거나 앞으로 찾아야 할 주요 녹색 화학적 방법들에 대해 말하
고자 합니다. 그런데 우리 주변에는 이미 녹색 화학적 방법
을 잘 수행하는 것이 있습니다. 무엇일까요?

__ 생물입니다.

그렇습니다. 생물은 정말 녹색 화학을 잘 수행하고 있습니

다. 생물체 특히 식물은 유기 용매를 사용하지 않고, 자연 그대로의 온도에서 폐기물을 배출하지 않으면서도 아름다운 물감, 효능 좋은 의약품과 살충제, 성능 좋은 섬유 등을 만들어 냅니다. 지금부터 생물은 어떻게 녹색 화학을 실현하고 있으며, 우리가 그것을 어떻게 흉내 내고, 실제로 어떻게 이용할 것인가에 대해 알아봅시다.

새로운 촉매의 개발과 효소 이용

생명계의 거의 모든 화학 반응에서는 효소가 관여합니다. 효소는 생물계 화학 반응의 속도와 반응 선택성을 높이는 촉매입니다.

화학 공업에서도 생화학 반응에서의 효소와 같은 역할을 하는 촉매를 많이 사용합니다. 촉매 사용은 불필요하게 과량의 시약을 사용하는 것을 막아 폐기물 발생을 줄이고 원하는 물질만 주로 생기게 하며, 반응의 활성화 에너지를 낮추어 보다 낮은 온도에서도 반응이 빠르게 진행되도록 합니다.

화학 공업에서 사용되는 촉매들은 주로 값비싼 귀금속이나 독성이 강한 중금속으로 만들어집니다. 이는 제품 생산의 비용을 높이고, 사용된 촉매가 주변으로 배출되어 환경 오염을 일으키는 요인이 되기도 합니다. 따라서 철과 같이 값싸고 독성이 덜한 금속으로 된 촉매로 바꾸어 사용하는 방법을 찾는 것이 필요합니다.

우리가 원하는 화학 물질은 보통 여러 단계의 반응을 거쳐 얻어집니다. 그럴 경우, 각 중간 단계마다 반응 생성물을 분리하고 정제하여 다음 단계에 사용하는 것이 보통입니다. 그리고 현재 사용되는 대부분의 촉매는 특정한 한 단계의 반응에만 작용하므로 각 단계마다 각각 다른 촉매를 사용합니다.

생물계의 화학 반응도 주로 여러 단계를 거쳐 일어납니다. 그러나 중간 생성물을 분리하거나 정제하지 않고 한 곳에서 일어납니다. 이와 같은 반응에는 다기능성 효소가 관여하는 경우가 많습니다. 다기능성 효소는 한 분자 내에 2개 이상의 서로 다른 반응에서 촉매 작용을 나타내는 기능기가 있는 효소입니다.

다기능성 효소처럼 한 가지 촉매 물질이 연속적인 여러 단계의 화학 반응에서 모두 촉매 작용을 한다면, 단계별로 따로 따로 반응시키던 것을 한꺼번에 수행할 수 있게 될 것입니다. 이와 같은 다기능성 촉매의 개발과 이용은 화학 물질 제조 과정에서 원료 물질과 에너지 사용의 효율을 높일 수 있

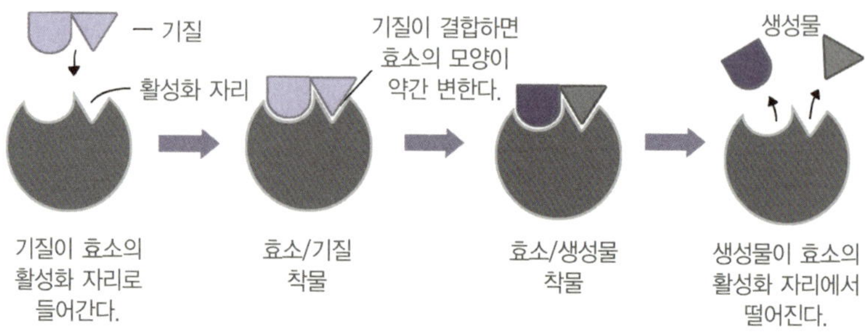

효소 작용 모형

고, 폐기물 발생도 줄이게 될 것입니다.

또 다른 녹색 화학적 촉매 반응은 천연 또는 변형된 효소를 직접 사용하는 것입니다. 이에는 생명 공학적으로 변형된 생물체에서 얻어지는 변형된 효소도 포함됩니다. 이들을 사용하면, 생물계 반응과 거의 같은 조건에서 원하는 화학 반응을 효율적으로 일어나게 할 수 있습니다.

2005년에 '더욱 녹색적인 합성 경로' 부분 '녹색 화학 도전 대통령상'을 받은 것을 예로 든다면, 효소를 이용하여 기름이나 지방에 있는 해로운 트랜스(trans) 지방을 해롭지 않은 시스(cis) 지방으로 바꿀 수 있습니다. 이 방법은 트랜스 지방을 없애는 것 외에도 폐기되는 지방과 기름의 양을 줄여 부산물 생성을 줄이고, 해로운 화학 물질과 물의 사용을 줄이는 효과도 가져왔습니다.

 아나스타스가 들려주는 녹색 화학 이야기

녹색 화학 목표 달성에 기여하는 생명 공학

생명체를 인위적으로 조작해 생물체의 유용한 특성을 이용하는 생명 공학도 녹색 화학의 목표를 달성하는 유용한 기술로 대두되고 있습니다. 유전자를 변형시킨 박테리아를 이용해서 합성하기 어려운 물질들을 생산하고 있는데, 두 가지 예만 들겠습니다.

한 가지는 신종 독감과 조류 독감의 치료제인 타미플루(tamiflu)를 얻는 것입니다. 이 약품은 중국이 원산지인 향신료 팔각(star anise)에서 10단계의 추출 과정을 거쳐 얻은 쉬킴산(shikimic acid)을 원료로 해 만듭니다. 그러나 과학자들은 최근 유전자를 변형시킨 박테리아의 배양을 통해 보다 쉽게 쉬킴산이나 이의 유도체를 얻는 방법을 찾아냈습니다.

또 다른 한 가지 예는 주목나무 껍질에서 분리한 아주 성능이 우수한 항암제인 파클라탁셀(paclitaxel)의 경우입니다. 흔히 탁솔(taxol)이라 불리는 이 물질은 종전에는 천연물에서 얻은 중간체로부터 무려 11단계의 합성 과정을 거쳐 상업적으로 생산됐습니다. 그러나 이제는 식물 세포 배양법을 써서 비교적 쉽게 얻고 있습니다. 이와 같이 생명 공학을 이용

하여 필요한 물질을 얻음으로써 해로운 화학 물질의 사용과 많은 양의 에너지를 절약하게 되고, 생산 시간과 비용을 크게 줄이게 됩니다.

이제 우리는 생물체가 약효가 있는 물질을 비롯한 여러 귀중한 물질들을 어떤 경로를 통해 만들며, 여기에는 어떤 유전자가 관여하는지를 상당 부분 이해하게 됐습니다. 또 생물체의 유전자를 조작하는 기술도 확보했습니다. 이런 지식을 바탕으로 새로운 박테리아나 유기체를 인공적으로 합성하고, 이들을 배양시켜 필요한 물질을 얻는 길이 보다 많이 개발될 것으로 기대합니다.

산화·환원 반응은 어떤 화학 물질을 변형시켜 새로운 물질을 합성할 때 많이 활용되는 반응입니다. 환원 반응은 촉매를 사용하여 수소 기체와 반응시키거나 다른 수소 화합물과 반응시켜 일어나게 합니다. 반면에 산화 반응은 주로 독성이 큰 중금속 산화물이나 산소산의 염(예로, 과망가니즈산칼륨이나 다이크로뮴산칼륨)을 사용합니다.

그러나 생물체는 해로운 중금속 화합물을 산화제로 사용하지 않습니다. 대신에 산소 분자와 이에서 만들어지는 초과산

과학자의 비밀노트

산화·환원 반응

어떤 반응 물질에서 다른 반응 물질로 전자가 이동하는 화학 반응을 산화·환원 반응이라 한다. 어떤 물질이 전자를 잃으면 산화되었다고 하고, 전자를 받으면 환원되었다고 한다. 산화된 물질은 다른 물질을 환원시키므로 환원제라 하고, 환원되는 물질은 다른 물질을 산화시키므로 산화제라 한다.

대부분의 화합물에서 수소는 양의 전하를, 산소는 음의 전하를 갖는다. 따라서 어떤 물질이 수소와 반응하는 것은 그 물질이 환원되는 것이고, 산소와 반응하는 것은 산화되는 것이다.

화물이나 과산화수소를 이용하여 필요한 산화 반응을 일으 킵니다. 이때에는 보통 금속이 들어 있는 효소를 촉매로 이 용합니다.

우리도 이와 같은 생물계의 산화 반응을 모방해 산소 분자 나 과산화수소 분자를 사용하여 산화 반응을 일으키는 것에 대해 현재 활발하게 연구하고 있으며, 실제로 활용한 경우도 여럿 있습니다. 앞으로 더욱 많은 성과가 이루어지기를 기대 해 봅니다.

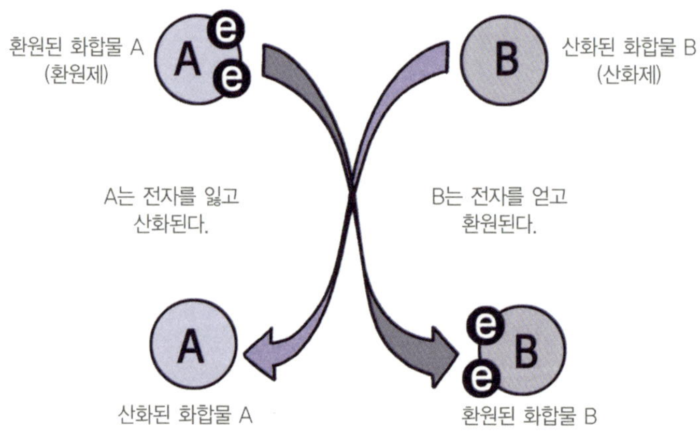

산화 · 환원 반응의 모형

지금까지는 화학 물질을 만들거나 화학 물질이 특정한 성질을 갖도록 하기 위해 주로 공유 결합을 새롭게 형성하거나 끊었습니다. 공유 결합은 이웃하는 원자들이 전자를 공유해서 만들어지는 결합으로, 아주 강한 결합입니다. 공유 결합을 형성하거나 끊는 데에는 큰 에너지가 필요하며, 이 과정에서 많은 폐기물이 나옵니다.

녹색 화학의 목표를 달성하기 위해 공유 결합을 이용하는 대신에 비공유 결합과 화학종(분자나 이온) 사이의 약한 힘을 더욱 활용해야 합니다. 이를 잘 활용한다면 굳이 에너지를 많이 들이면서 폐기물이 발생하는 공유 결합의 형성과 해리를 하지 않아도 될 것입니다.

근래에는 화학종 사이의 약한 힘으로 만들어지는 정교한 구조의 분자 조립체에 대해 많은 연구를 하고 있습니다. 즉, 공유 결합이 아닌 결합(수소 결합, 배위 결합, 판데르 발스 결합 등)을 활용해 분자를 초월한 화학종(초분자)을 만들고, 이들의 성질을 탐구하고 실용적인 목적에 이용하고자 하는 것입니다. 초분자계의 연구는 생명계의 효소-기질 착물, 리간드-생물

거대 분자 결합체, 세포막 등이 모두 초분자계라는 것을 인지하고, 이를 모방하려는 것이지요.

＿ 초분자 형성을 이용하여 녹색 화학의 목표를 달성하는 것에는 어떤 것이 있나요?

사실 많이 있습니다. 효소를 모방한 촉매들은 대부분 반응물과 초분자 착화합물을 만들어 반응물의 특정 부분을 특정 방향으로 변형시킵니다. 사이클로덱스트린(cyclodextrin)을 인공 효소로 사용하는 것을 예로 들어 보겠습니다. 이 물질은 전분을 발효시켜 얻습니다. 도넛형 분자인데, 물에 잘 녹으면서 도넛 내부의 구멍은 유기 용매와 비슷한 성질을 갖습니다. 따라서 이 구멍과 크기가 비슷한 유기 분자들을 물 속에서 여기에 가둘 수 있습니다. 마치 효소에 기질이 결합하는 것과 같은 것이지요.

이렇게 함으로써 이 물질은 구멍에 결합된 분자의 특정 반응 속도와 선택성을 높이는 촉매 역할을 합니다. 이 물질에 금속 이온이 결합할 수 있는 기능기를 붙이면 금속 효소와 같은 특성을 보입니다. 즉, 물을 용매로 사용하면서 유기 화합물을 원하는 형태로 변형시킬 수 있는 선택적 촉매가 되는 것입니다. 아주 다양한 유기 화학 반응이 사이클로덱스트린 또는 이의 유도체들에 의해 촉진된다는 것이 발견됐습니다.

사이클로덱스트린의 구조

녹색 화학의 길

화학자들은 새로운 화학 물질을 찾아내고, 이를 제조하는 방법을 개발하여 인류와 사회 발전에 기여해 왔습니다. 그러나 이 과정에서 자원이 고갈되고 각종 유해 물질이 환경으로 배출되어 인류의 지속적인 발전에 대해 심각한 우려를 낳게 했습니다. 그렇다고 인류가 지금까지 성취한 풍요롭고 편리한 삶을 포기하고, 다시 원시 상태로 돌아갈 수는 없습니다.

지금까지 이룩한 성과를 계속 유지·발전시키면서, 이미

발생한 부작용을 고치고, 지속 가능한 성장을 위해 끊임없이 노력해야 할 것입니다. 이러한 노력이 녹색 화학의 길을 가는 것입니다.

화학제품의 종류와 용도가 극히 다양하듯이, 녹색 화학의 목표를 달성하는 방법과 기술도 아주 다양합니다. 따라서 녹색 화학을 실현하기 위해 필요한 것은 인간과 환경이 공존하고, 자원을 고갈시키지 않고 환경을 파괴시키지 않으면서 인류에게 필요한 물질을 제공해야겠다는 마음과 자세일 것입니다. 그리고 화학 물질의 고안과 제조 과정에서부터 사용 후 없어질 때까지의 전체 과정이 인간과 환경에 어떤 영향을 미칠 것인가를 파악할 수 있는 폭넓은 안목과 지식을 갖추는 것도 필요할 것입니다.

으음, 여보세요?
철이 군, 잘 잤나요? 컴퓨터 화면을 보세요. 내가 보이나요?

어라, 선생님 혼자서 나노타임캡슐을 타고 컴퓨터 속으로 들어가신 거예요?
아니요. 여긴 철이 군의 몸속이랍니다. 녹색 화학을 잘 수행하고 있는 생체 내 화학 반응을 살피러 왔어요.

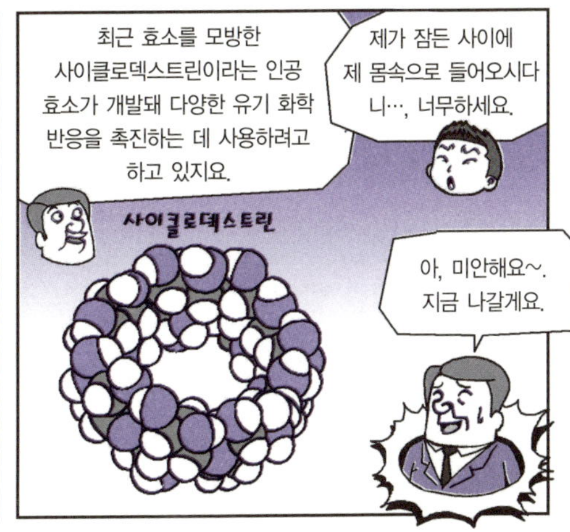
대부분의 생화학 반응에는 효소가 관여함으로써 반응 속도와 선택성을 높이지요. 화학 공업에서도 효소 같은 촉매를 사용하면 폐기물 생성을 줄이고 에너지 효율을 높여 원하는 물질만 주로 생기게 하여 녹색 화학을 실현할 수 있어요.
기질
활성화 자리
기질이 결합하는 효소의 모양이 변한다.
생성물
기질이 효소의 활성화 자리로 들어간다.
효소/기질 착물
효소/생성물 착물
생성물이 효소의 활성화 자리에서 떨어진다.

최근 효소를 모방한 사이클로덱스트린이라는 인공 효소가 개발돼 다양한 유기 화학 반응을 촉진하는 데 사용하려고 하고 있지요.
제가 잠든 사이에 제 몸속으로 들어오시다니…, 너무하세요.
아, 미안해요~. 지금 나갈게요.
사이클로덱스트린

선생님, 그런데 이건 무슨 약이에요?
탁솔이라는 항암제예요. 예전에는 주목나무 껍질에서 분리해 얻은 중간체로부터 무려 11단계의 합성 과정을 거쳐 생산됐어요.
주목나무
항암제

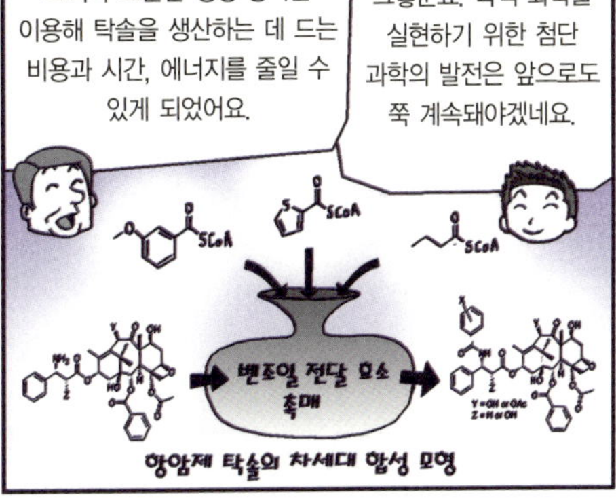
그러나 오늘날 생명 공학을 이용해 탁솔을 생산하는 데 드는 비용과 시간, 에너지를 줄일 수 있게 되었어요.
그렇군요. 녹색 화학을 실현하기 위한 첨단 과학의 발전은 앞으로도 쭉 계속돼야겠네요.
벤조일 전달 효소 촉매
항암제 탁솔의 차세대 합성 모형

녹색 화학의 아버지
아나스타스 Paul Thomas Anastas, 1962~

　　아나스타스는 미국 동부 보스톤 근교의 퀸시에서 태어났습니다. 그는 합성 유기 화학을 전공하여 1989년에 브랜다이스 대학교에서 박사 학위를 받았습니다.

　　박사 학위를 받은 후, 아나스타스는 미국 환경보호국에 임용되어 공해 방지, 농약, 독성 물질 부서에서 시작하여 공업 화학과 과장까지 승진하면서 1999년까지 근무했습니다. 이 기간에 그는 '녹색 화학' 이라는 말을 만들어 냈으며, 이 분야를 개척했습니다. 이 공로로 아나스타스는 '녹색 화학의 아버지' 라고 불리게 됐습니다. 1999~2004년에는 백악관의 과학 기술 정책실에서 환경 담당 부실장으로 활동하면서 미국의 환경 정책 수립에 기여했습니다.

2004~2006년에는 미국 화학회 본부에 설립된 녹색 화학 연구소의 초대 소장으로 일하면서 녹색 화학의 확산을 위해 노력했습니다. 2007년에는 예일 대학교로 옮겨 와서 녹색 화학 및 녹색 공학 센터의 책임자로 있으면서 환경을 위한 실용 화학을 가르치고 연구했습니다.

미국 오바마 대통령은 2009년 5월에 아나스타스를 환경보호국 연구 개발 부국장 겸 과학 고문으로 임명했습니다. 정부 기관, 대학, 민간단체에서 두루 일한 그의 남다른 경험과 지도력 그리고 환경 문제를 근원적으로 접근하여 해결하는 그의 전문적 지식과 열정을 높이 산 것으로 볼 수 있습니다. 그의 주된 임무는 현재와 미래의 환경 문제를 파악하고, 이해하며, 해결책을 내놓는 것이었습니다.

2010년 3월 미국 화학회에서 아나스타스는 그의 신념인 '녹색 화학과 녹색 공학이 미국 경제를 지속 가능한 성장의 새로운 시대로 이끌 것이며, 세계를 보다 안전한 곳으로 만들 것이다' 라는 내용의 강연을 했습니다. 많은 과학자가 그의 신념에 동조하고, 보다 안전한 세계, 지속 가능한 경제 성장을 위해 녹색 화학의 발전에 힘쓰고 있습니다.

과 학 연 대 표

언제, 무슨 일이?

과학사

세계사

독일, 폴란드 침공으로
제2차 세계 대전 발발

뮐러
살충제로서의 DDT 개발

1939

유럽 경제 공동체(EEC)
발족

킬링
화석 연료 증가에 따른
이산화탄소 배출량 증가 발견

1958

미국, 상업용 통신 위성
텔스타 발사

카슨
《침묵의 봄》 출간

1962

미국, 4월 22일 지구의 날 제정

미국 환경보호국(EPA) 발족

1970

유럽 11개국, 단일 통화 유로
확정

아나스타스
《녹색 화학》 출간

1998

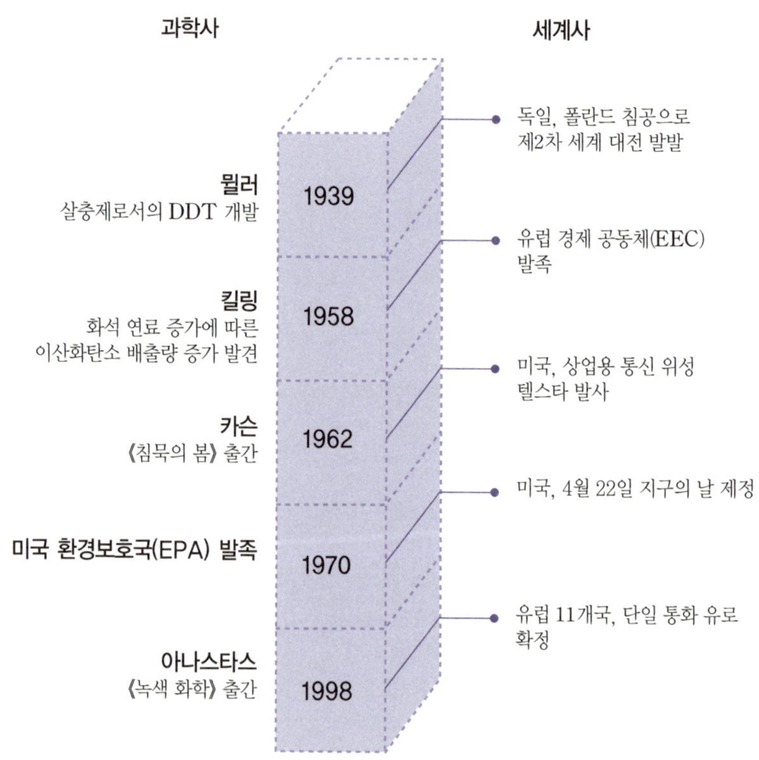

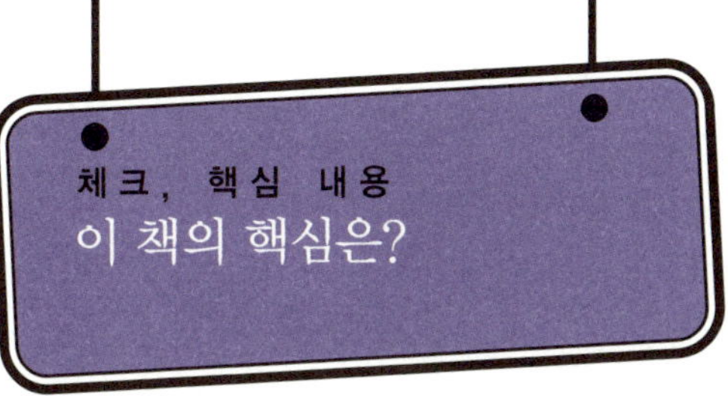

1. □□ □□ 은 사람이나 환경에 해로운 물질을 사용하지 않고 또 생기지 않게 하는 화학제품과 생산 방법을 □□ 하는 것이다.

2. □□□ 은 생긴 다음에 처리하기보다 생기지 않도록 해야 한다.

3. 화학 물질의 제조에서는 □□ 되는 원료보다는 □□ □□ 한 원료를 사용해야 한다.

4. □□ 는 자신은 변화하지 않으면서 다른 물질의 화학 반응 속도를 조절하는 물질이다.

5. 화학제품은 사용 후에는 해롭지 않은 것으로 □□ 되도록 고안돼야 한다.

6. 화학 반응은 가급적 □□ 용매를 사용하지 않고, □□ 부근에서 일어나도록 고안하는 것이 좋다.

7. 온실 효과를 나타내는 □□□□□ 도 재생 가능한 원료 물질로 볼 수 있다.

지속적 발전을 위한 과제

인류 사회가 유지되고 계속 발전하기 위해서는 환경, 물질, 에너지의 문제를 해결해야 합니다. 많은 과학자들은 에너지 문제의 최종적인 해결 방안으로 핵융합을 들고 있습니다. 그러나 핵융합은 언제쯤 실용화될지 아직도 알지 못하는 실정입니다. 실용적 핵융합을 가능하게 하는 방법을 찾는 동시에 화석 에너지를 대체하는 에너지를 개발하고, 에너지 효율을 높이는 방법을 찾고 있습니다.

대체 에너지로 큰 비중을 차지하는 것은 태양 에너지와 원자력입니다. 태양 에너지 이용에서는 태양 에너지를 전기 에너지로 바꾸는 태양 전지와 간접적이긴 하지만 광합성을 하는 생물을 이용한 바이오에너지가 큰 몫을 차지합니다. 새로운 태양 전지의 개발과 개선을 통해 에너지 전환 효율을 높이고자 노력하고 있으며, 새로운 생물 에너지 자원을 발굴하고 효율적으로 바이오연료를 얻기 위해 연구하고 있습니다. 원자력 이용에서는 원자력 발전의 안전성을 높이고, 폐기물을 안전하게 처리하기 위해 많은 노력을 하고 있습니다.

에너지의 이용 효율을 높이는 방안으로는 수소 연료 전지와 같은 연료 전지가 큰 관심을 끌고 있습니다. 크기가 작으면서 용량이 큰 연료 전지의 개발과 이용은 연료의 효율을 높이고 환경 오염을 방지하는 데 기여할 것입니다.

환경 오염을 줄이고 이미 오염된 환경을 깨끗하게 하는 것도 중요합니다. 우선 지구 온난화의 주범인 이산화탄소가 공기 중으로 배출되지 않도록 화력 발전소나 시멘트 공장 등 이산화탄소를 대량 방출하는 곳에서 이산화탄소를 포집해서 따로 저장하거나 원료 물질로 사용하는 방안을 마련하는 것이 필요합니다. 다른 한편으로는 각종 환경 오염 물질이 배출되지 않도록 화학 물질의 제조 방법을 바꾸고, 원료를 해롭지 않은 물질로 대체함으로써 환경 오염을 보다 확실하게 방지할 수 있을 것입니다.

오늘날 인류가 당면하고 있으면서 인류 사회의 지속적인 성장의 걸림돌이 되고 있는 환경, 물질, 에너지 문제에 대해 관심을 갖고 이들의 해결 방안을 찾는 데 여러분이 함께할 것을 기대합니다.

찾아보기
어디에 어떤 내용이?

수학자가 들려주는 수학 이야기 (전 88권)

차용욱 외 지음 | (주)자음과모음

국내 최초 아이들 눈높이에 맞춘 88권짜리 이야기 수학 시리즈! 수학자라는 거인의 어깨 위에서 보다 멀리, 보다 넓게 바라보는 수학의 세계!

수학은 모든 과학의 기본 언어이면서도 수학을 마주하면 어렵다는 생각이 들고 복잡한 공식을 보면 머리까지 지끈지끈 아파온다. 사회적으로 수학의 중요성이 점점 강조되고 있는 시점이지만 수학만을 단독으로, 세부적으로 다룬 시리즈는 그동안 없었다. 그러나 사회에 적응하려면 반드시 깨우쳐야만 하는 수학을 좀 더 재미있고 부담 없이 배울 수 있도록 기획된 도서가 바로 〈수학자가 들려주는 수학 이야기〉 시리즈이다.

★ 무조건적인 공식 암기, 단순한 계산은 이제 가라! ★

- 〈수학자가 들려주는 수학이야기〉는 수학자들이 자신들의 수학 이론과, 그에 대한 역사적인 배경, 재미있는 에피소드 등을 전해 준다.
- 교실 안에서뿐만 아니라 교실 밖에서도, 배우고 체험할 수 있는 생활 속 수학을 발견할 수 있다.
- 책 속에서 위대한 수학자들을 직접 만나면서, 수학자와 수학 이론을 좀 더 가깝고 친근하게 느낄 수 있다.